文系のための
データサイエンス

DX時代の歩き方

大塚佳臣 著

日科技連

はじめに

　ICT（情報通信技術）の発展に伴い、膨大なデータが世の中に溢れるようになり、さまざまな分野でデータの利活用が急速に進められています。データは「新しい石油」、「新しい通貨」と表現されることもあるなど、データサイエンスの活用は、エンジニアだけでなく、すべてのビジネスパーソンにとって必要不可欠になってきています。

　本書は、主に文系の大学生や高校生を対象として、データサイエンスの概念や手法、その活用方法を紹介することで、データとデジタル技術で社会の変革をめざす DX 時代を生きていくうえで誰もが身につけるべき発想や考え方を学ぶことを目的としています。

　データサイエンスというと理系というイメージが強く、文系には関係がない、ハードルが高いという印象があるかもしれませんが、データを活用して意思決定するというごく普通の営みを、カタカナでカッコよく表現しているだけです。少し違うところがあるとすると、単なる意思決定のためだけでなく、新しい価値を創造するという概念が加わっていることです。これらは文系・理系を問わず必要な能力です。本書では、DX 時代を生きるうえで必要となる、データを使って意思決定をする、新しい価値を創造するという能力を身につけるために必要な考え方やスキルを紹介していきます。

　また、データサイエンスというと、統計解析や AI、プログラミングをイメージする人が多いと思います。本書では、それらの理論の詳細や具体的な分析方法は解説していません。本書を読んで、データサイエンスに強い興味をもって、理論を深く学びたい、実際に分析をしてみたいと思うようになったら、他の専門書を紐解いて欲しいと思います。

［主に大学の先生方へ］

　データサイエンスという概念が脚光を浴びるようになり、政府は 2025 年までにすべての大学・高専生がデータサイエンスの初級レベルを習得する目標を掲げており、各大学でデータサイエンス科目の設置が進められています。そのような動きを受け、データサイエンスに関する教科書も多く出版されるようになりましたが、その多くは数学や統計学の知識を必要としており、文系学生にはハードルが高くなっています。そこで、本書では、数学や統計学の知識をもたない学生でも、データサイエンスの概念や活用方法を理解できる内容としました。本書は、主に大学生のボリュームゾーンを占める私立文系の学生を対象とした、教養（初級レベル）としてのデータサイエンスの授業の運営にご活用いただくことを想定した構成になっています。

［謝辞］

　本書の執筆にあたり、講義での質問を通じて、内容のわかりにくいところ・わかりやすいところ、知りたいことに関するフィードバックを寄せていただいた東洋大学の履修生に感謝いたします。また、日科技連出版社の鈴木兄宏氏、石田新氏には、企画の段階からご尽力いただきましたことにお礼申し上げます。

　2023 年 1 月

　　　　　　　　　　　　　　　　　　　　　　　大　塚　佳　臣

目　　次

━━━━━━━━━━━ 【コラム】 ━━━━━━━━━━━

★本書のデータ・分析手順の解説のダウンロード方法

　本書で使用しているデータならびに分析手順の解説は、日科技連出版社のWebサイト（https://www.juse-p.co.jp/）からダウンロードできます。実際に分析もしてみたい方はご活用ください。また、データサイエンス関係の授業や演習を担当されている先生方も例題としてご活用ください。

　ID：data-science
　パスワード：juseDS_2023

★動作環境

　上記データは、Windows版Excelがインストールされているパソコンでの利用を対象としています。任意の環境で動作することを保証しているわけではありません。

★免責事項

　著者、および、出版社のいずれも、上記データを利用した際に生じた損害についての責任、ならびに、サポート義務を負うものではありません。

第1章
データサイエンスとは

1.1　データサイエンスとは

　データサイエンスとは、簡単にいうと「データから価値を引き出す学問」です。もう少し細かくいうと「人や組織の意思決定をサポートするためにデータから意思決定に必要な法則・パターンを導き出すための手法の研究」です。

　私たちが行動や意思を決めるとき、何を拠り所にしているでしょうか。例えば、モノを買うとき、進学先・就職先を決めるとき、どうやって決めているでしょう。ノリとか勘とかヒラメキで、ということもあれば、情報を集めてじっくり、ということもあるでしょう。個人の意思決定はどういう風に決めても自己責任なので、自分が納得する形で決めればよいですね。

　では、これが会社での方針決定(経営戦略や販売戦略)の場合はどうでしょうか。社長や部長のノリや勘で決めたとしましょう。それがうまくいっているときは問題にはならないかもしれません。一方で、うまくいかなかったときは、業績回復のための対策を打たなければなりませんが、その対策を再びノリや勘で決めていたら、社員としてはかなり不安です。

　会社では、一つの物事を決めるにあたって、多くの組織・社員が関わっており、それぞれが意思決定するためには何らかの基準を必要とします。その基準、あるいはその基準を決めるための材料としてデータが使われます。例えば、販売データ、生産データ、顧客データです。ICT(情報通信技術)の発達により、これらのデータのほとんどは電子化されるようになり、紙媒体で管理されていた時代と比べて、大量のデータを容易に利用できるようになりました。

　さて、そのデータをそのまま渡された、あるいは社内システムからそのデー

タにアクセスしたとします。データは数字あるいは文字の羅列です。それを目にして意思決定がすぐにできるでしょうか。意思決定をするうえでは、データからわかる事実、法則・関連性の情報が必要です。例えば、商品は何がどれくらい売れているのか(事実)、商品は暑いと売れて寒いと売れなくなるのか(法則・関連性)、といった情報です。

　言われてみたら当たり前、と思うかもしれません。データサイエンスとは、その当たり前の営みを実現するための概念で、特に新しい概念ではありません。

1.2　情報とデータ

　私たちが生きている間は、呼吸もするし、食事もします。また、話もするし移動もします。私が教室で学生に「おはようございます」と挨拶したとします。学生から見たら「先生があいさつをした」という事実(情報)が発生します。とはいえ、「先生があいさつをした」ということをずっと記憶しているわけではないですね。私が忘れ、学生も忘れたら、もうそれは存在しない情報となります。

　ここで、ある学生が「大塚先生が、2022 年 4 月 11 日の 9 時 2 分に、1 号館の 125 教室で、「おはようございます」とあいさつをした」という形で文字に残したとします。この事実を私も学生も忘れたとしても、情報として記録されています。これがデータです(表 1.1)。

　私たちは 1 分間に 13 ℓ の空気を吸って吐いています。吸っている空気に含まれる二酸化炭素濃度は 0.05% 程度ですが、吐いている空気(呼気)には 3% 含まれています。

　このように、私たちが生活しているとさまざまな情報が発生します。話した

表 1.1　情報を記録したデータ

日付	時間	場所	発言者	発言内容
2022 年 4 月 11 日	9:02	1 号館 125 教室	大塚	「おはようございます」

言葉、移動した距離・方向、目の前の大気成分といった「情報」に時間・場所などと紐づけて「記録」すると、「データ」になります。これまでは、それらを主に紙を使ってアナログ的に記録していましたが、ICT、センサーが発達した現在では、それらの情報を自動的にデジタルで記録できるようになり、膨大なデータの保存が可能になりました。さらに、インターネットの発達により、これらのデータは国境を超えて送受信できるようになりました。また、個人レベルでデータの送受信が可能になり、誰もがデータを生成・送信し、他人が生成したデータにアクセスできるようになりました。

　データが大量になると、その処理・演算をするには高い計算能力をもつコンピュータが必要になります。昔はメインフレーム、スーパーコンピュータと呼ばれる巨大で高価な計算機が必要でしたが、今ではワークステーションやパソコンの性能が向上し、多くのことが個人で所有するパソコンでできるようになりました。さらには、スマートフォンもパソコン並の計算能力をもつようになり、データ処理という点では、スマートフォンはパソコンと同等かそれ以上となりました。例えば、計算能力だけでいえば、iPhone 12 は 1998 年当時のスーパーコンピュータと同等の性能をもちます。

　データから法則・関連性を導き出し、意思決定に活用しようという営みは昔から行われていましたが、膨大なデータが入手可能になったこと、パソコンでもその活用(閲覧・加工・分析)が容易になったことで、この営みが「データサイエンス」という呼び方で注目されるようになりました。

1.3　データサイエンスがめざすところ

　データサイエンスのめざすところは、データを活用して、今まで発見できなかった新しい価値(インサイト)を創造することです。

　ICT が発達する前は、利用可能なデータは量に限りがありましたので、得られたデータを隅々まで分析して「舐め尽くす」ということができた一方で、得られる情報は限られていました。**第 3 章**で詳しく紹介しますが、利用可能なデータが少なかった時代は、証明したい仮説があって、それを少ないデータ

を使って検証する、というのが基本的なデータ分析のアプローチでした。

　しかし、ICT が発達したことで、大量のデータが利用可能になり、また、コンピュータの処理能力が向上したことで、その大量のデータをコンピュータを使ってゴリゴリと分析をして、今まで発見できなかった役に立つ情報を見つけよう、という発想が生まれました。ここでいう役に立つ情報というのは、新しい価値の創造につながる法則・パターンのことです。例えば、スポーツをやっている人であれば、自分なりの勝ちパターン（あるいは負けパターン？）をもっている・認識していると思います。それらはその人の競技の経験の中から自分の中で構築されるものですが、その法則やパターンを、コンピュータを使ったデータ分析によって発見しよう、という発想です。大量のデータとパワフルなコンピュータの計算能力を使って、容易には想像がつかない有用な法則やパターンを見出す試みが進められています。

1.4　DX 時代に求められるスキル

　データをもとに新しい価値を創造するためには、「創りたい価値」を最初に設定する必要があり、創りたい価値を設定するためには、取り組んでいる対象の背景と課題を明確にする必要があります。要は「何が、どうなっているから、こうしたい／こうあってほしい」という設定を明確にするということです。

　創りたい価値の設定ができれば、結局、その価値の創造につながる法則をどうやって見つけるかがポイントになります。データを分析しなくてもその法則を得られるなら、データサイエンスの考え方を使う必要はありません。一方で、大量のデータを活用できるようになった現在、このデータを分析することで法則を見つけられる可能性が広がったことで、データサイエンスという考え方とそのスキル（図 1.1）が脚光を浴びるようになりました。

　分析に使うデータは、初めから用意されているわけではなく、実験や測定を行う、あるいはインターネットなどを使ってさまざまな場所から収集することで準備します。そして、それらは分析可能な形式に加工してデータベースとして収める必要があります。データベース、ネットワークの知識を使って、デー

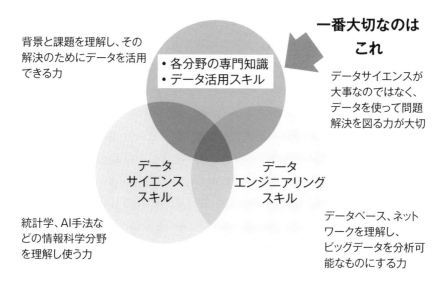

一番大切なのは
これ

背景と課題を理解し、その
解決のためにデータを活用
できる力

・各分野の専門知識
・データ活用スキル

データサイエンスが
大事なのではなく、
データを使って問題
解決を図る力が大切

データ
サイエンス
スキル

データ
エンジニアリング
スキル

統計学、AI手法な
どの情報科学分野
を理解し使う力

データベース、ネット
ワークを理解し、
ビッグデータを分析可
能なものにする力

出典） 一般社団法人データサイエンティスト協会：「プレスリリース　データサイエンティ
　　　ストのミッション、スキルセット、定義、スキルレベルを発表」、2014 年、図 1 をも
　　　とに改変

図 1.1　データサイエンスに求められるスキル

タを集め、集めたデータを分析可能なものにする力を「データエンジニアリン
グスキル」と呼びます。

　データから設定した価値に紐づく法則を取り出すためには、データ分析を行
う必要があります。データ分析を行うためには、統計学・機械学習、それを実
行するためのプログラミングなどの情報科学分野の知識をもち、それを実践す
る力が必要です。これを「データサイエンススキル」と呼びます。

　データとデジタル技術を活用して新しい価値を創造するという考え方が一般
的になった「DX 時代」において、ビジネスパーソンにとって最も大切なスキ
ルは、取り組んでいる対象の背景と課題を理解し、データ使って解決を図ろう
という姿勢、データ分析を活用して得られた結果を適切に解釈できる「データ
活用スキル」をもっていることです。もちろん「データサイエンススキル」や
「データエンジニアリングスキル」の分野のプロがいないとデータサイエンス

は成り立ちませんが、全員がこれらをできる必要はありません。企業活動は、チームで行います。社員一人ひとりの得意な分野・スキルにもとづき役割分担してビジネスを進めていきます。そのスキルが必要な業務は、そのプロに任せればよいのです。大多数のビジネスパーソンにとって必要なのは、図 1.1 の「データ活用スキル」になります。

　データサイエンティストとは、前述の「データサイエンススキル」あるいは「データエンジニアリングスキル」をもっている人を指しますが、それらの専門性がありさえすればよいというわけではなく、何のためにデータを集めデータを分析しているのかという目的を理解していないと的外れな仕事をしてしまう可能性が高くなります。そのため、データサイエンティストこそ「データ活用スキル」の習得が必要といえます。

1.5　DX とは

　今日、DX（Digital Transformation）という概念が注目されています。DX とは、進化した ICT 技術を浸透させて、産業構造や人々の生活をよりよいものへと変革させるという概念です。例えばスマートフォンを活用した各種サービスやテレワークなど、日常生活や業務の中で、私たちはすでに進化した ICT 技術の恩恵に浴しており、まさに DX 時代の真っ只中にいます。企業において、これらの商品やサービスの開発・提供・管理を担う人材を DX 人材と呼びますが、その人材像について経済産業省は以下の 2 つを定義しています[1]。

　①　DX 推進部門におけるデジタル技術やデータ活用に精通した人材
　②　各事業部門において、業務内容に精通しつつ、デジタルで何ができるかを理解し、DX の取組みをリードする人材、その実行を担っていく人材

　データサイエンス分野では、①はデータサイエンススキル、データエンジニアリングスキルをもった人を指し、②はデータ活用スキルをもった人を指します。DX は①と②の人材の両輪で実現されるものですが、②の人材が不足している結果、①の人材を活かせず、DX が進まないという状況が起きています。

　DX の推進のためには、特に管理職・経営層は②の人材でなければならず、

「データ活用スキル」が必須になっています。

1.6　なぜデータ"サイエンス"なのか

　業務や研究における、一般的な科学的アプローチとデータサイエンスのアプローチを図1.2に示します。

　科学的アプローチでは、最初に評価する対象に関する先行事例の調査を行い、現在わかっていること・まだわかっていないことを明確にします。次に、評価する対象について、現在わかっていることをもとに、わかっていないことの仕組みやメカニズムに関する予想(仮説)を立てます。そのうえで、仮説を検証するために必要な実験の計画を立てます。その計画にもとづいて実験を行い、その結果をもとに仮説を検証することで、新たな事実を明らかにします。

　一方、データサイエンスのアプローチでは、最初に評価する対象に関する先行事例の調査を行い、その背景と課題を明確にします。次に、評価する対象について、現在わかっていることをもとに、課題に関する因果関係の仮説を構築します。そのうえで、仮説を検証するために必要なデータの収集と分析の計画を立てます。その計画にもとづいて分析を行い、その結果をもとに仮説を検証することで、評価する対象の課題の解決に必要な法則を明らかにします。

一般的な科学的アプローチ

データサイエンスのアプローチ

図 1.2　一般的な科学的アプローチとデータサイエンスのアプローチ

　このように，データを使って解決に必要な法則を導き出すアプローチは、科学研究のそれとほぼ同一であることから、データサイエンスと呼ばれるようになりました。

第2章
データサイエンスのデザイン

2.1 データサイエンスのワークフロー

データをもとに、新しい価値を創造するうえで役に立つ法則を見つけるための実際の作業手順(ワークフロー)は、図2.1のようになります。

最初に、データを集めます。販売データ、国や自治体などが整備している統計データのようにすでに集まっているデータもあれば、温度計や圧力計のようなセンサーで集めているデータ、アンケート調査によって集めたデータもあります。また、SNSで発信されている文字もデータです。

これらのデータはさまざまな形式で蓄積されますので、分析可能な形に加工する必要があります。分析が可能な形式に加工できたら、分析を行います。分析、というと難しいことをしている印象を抱きがちですが、それを単純に集計して表やグラフにするだけで役に立つ法則が得られることも数多くあります。これも立派な分析です。もし、これだけでは役に立つ法則が得られない場合は、統計解析や機械学習と呼ばれる手法を使って法則を見つけます。

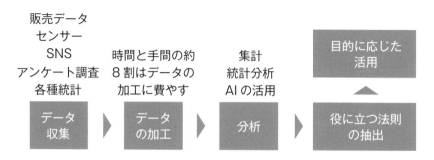

図 2.1　データサイエンスのワークフロー

　実際の作業プロセスはこのようになりますが、こんな疑問が湧いてきたのではないでしょうか。「どういうデータを集めて、どういう分析をしたら役に立つ法則が見つかるのだろうか」と。

　AI（人工知能）という言葉や概念が一般的に知られるようになり、AIにデータを入れたら欲しい結果を自動的に出してくれる、というイメージがあるかもしれません。実際にデータを使って新しい価値を創造しようとしたとき、データを闇雲に分析しても役に立つ法則が見つかるわけではありません。新しい価値を創造するためには、ゴール（創りたい価値）を設定し、ゴールを見据えて作業を行っていく必要があります。データサイエンスのデザインの概念を図2.2に示します。データサイエンスを使って新しい価値を創造するには、まず、どういう価値を創りたいのかを設定します。次にその価値を手にするうえで、どういう法則が見つけられればよいのかを明確にします。そして、その法則を見つけるにはどういう分析をすればそれが得られるか、そのために必要なデータは何かを考えたうえで、データを集めます。

　データが集まったら、分析可能な形式に加工して、いよいよ分析します。分析すればすぐに役立つ法則が得られるとは限りません。試行錯誤しながら分析を繰り返して、最初に設定した価値の創造に資する、役に立つ法則を抽出します。

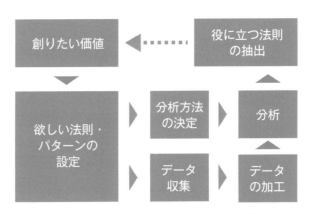

図2.2　データサイエンスのデザインの概念

2.2 データサイエンスを料理に喩える

　ここでは、データサイエンスの実践における各プロセスを料理に喩えて説明します。

(1) 何を満たしたいのか【創りたい価値の設定】

　料理は何のためにするのでしょうか？　多くの人は、食べるもの・食べたいものをつくるために料理をすると思います。では、何か料理をしようと思ったとき、何を満たすためにつくるのでしょうか？　おいしいものを食べたい、お腹いっぱい食べたい、健康になりたい、安く済ませたい、早く食べたい、リッチな気持ちになりたい、みんなで楽しく食べたい、などさまざまな目的があると思います。これらが料理によって創りたい価値になります。データサイエンスにおいても、最初に創りたい価値を設定しましょう。

(2) 何をつくるのか【欲しい法則の設定】

　そのときの気分に応じて、お腹いっぱい食べたい、おいしいものを食べたい、といった目的を設定したら、次に、何をつくるかを決めると思います。お腹いっぱい食べたいと思ったら、カツ丼やカレーライスなどが頭に浮かぶかもしれませんが、お刺身は頭に浮かばないのではないでしょうか？　このように、目的に応じてつくるものを決めると思います。これが欲しい法則にあたります。データサイエンスにおいても、創りたい価値を設定したら、それを実現できる法則を設定しましょう。

(3) 必要な食材を集める【データ収集】

　例えばトンカツをつくると決めたら、食材を揃えますね。卵、塩、ソースはあるけど豚肉はない、パン粉がない、あれ小麦粉がない、油がない、キャベツの千切りも欲しい、味噌汁もつくりたい、と足りない食材をお店に買いに行くことになります。データサイエンスにおいては、データが食材にあたり、欲し

い法則(つくる料理)に必要となるデータ(食材)を集めることになります。

(4) 調理方法を考える【分析方法の決定】

食材が揃ったらさっそく調理、といきたいところですが、「ところでトンカツはどうやってつくるんだっけ？」とならないよう、調理の前に段取りを確認しなければなりません。肉に下味をつけて、衣をつけて、揚げて…、という手順(レシピ)を先に整理しておく必要があります。また、揚げ物をするための鍋と、きっちりやりたい人、やったことがない人は、油温計の準備も必要かもしれません。

データサイエンスにおいては、分析が調理にあたりますが、分析(調理)の前に分析方法(段取り、必要な道具、調理方法)を事前に決めておく必要があります。

(5) 下ごしらえをする【データの加工】

トンカツを揚げる前に、食材の下ごしらえをします。肉を筋切りして、塩・コショウを振って、小麦粉をまぶして、溶き卵に浸けて、パン粉をつけます。キャベツの千切りも食べたければ、キャベツから、葉っぱを1枚ずつ外して千切り、あるいは半分・4分の1にカットして千切りにします。このように、買ってきた食材はすぐに調理に回せるわけでなく、下ごしらえが必要で、多くの場合、かなり時間と手間がかかります。データサイエンスにおいても同様で、データ(食材)を分析(調理)する前に、分析可能な形式にデータを加工(下ごしらえ)することが必要で、ここに多くの時間と手間を費やすことになります。

(6) 調理する【分析】

食材の調達から下ごしらえを経て、やっとトンカツを揚げるという調理に入ることができます。トンカツは油で揚げます。もしも、ガスコンロの魚焼きトレーで焼いてしまったら、トンカツになりません。データサイエンスにおいても、つくるもの(欲しい法則)に合わせて、調理方法(分析方法)を選んで調理

（分析）します。トンカツをつくるために「揚げる」という方法を選んで調理するのが、分析の手法の選択と実施にあたります。

(7)　盛り付け【役に立つ法則の整理・抽出】

　トンカツが揚がりました。ご飯も炊けました。味噌汁もつくりました。キャベツの千切りもできたでしょうか。調理をして、いくつかの食べ物が用意できました（図2.3）。さて、どのような盛り付けをしますか？　普通に考えれば、キャベツの千切りの上にトンカツを載せて、ソースをかけて盛り付け完了、という感じでしょうか。あるいは、図2.4のような丼ものにする方もいるかもしれません。ご飯の上にキャベツはカンベン、という方もいるでしょう。いずれにせよ、最終的においしく食べられて、お腹いっぱいになればどちらでもよいわけです。

　ここで、キャベツの千切りを味噌汁に入れたらどうでしょうか。ちょっと微妙な感じがします。では、トンカツを味噌汁に入れたらどうでしょうか。あるいは、ソースを味噌汁にかけたらどうでしょうか。美味しく食べられるか、という観点からいうと私的にはムリです。

　このように、せっかくよいものをつくっても、その先の盛り付けを間違うと、台なしになってしまいます。データサイエンスにおいてもこれは同じで、出てきた結果（料理）を目的に応じて適切に整理・抽出（盛り付け）しないと、それまでの努力が台なしになります。役に立つ法則を整理・抽出するうえでは、分析結果の適切な扱いが重要になります。

図 2.3　トンカツの調理が終わったところ

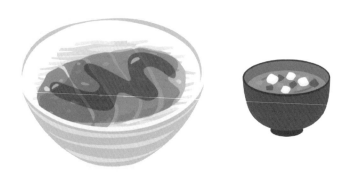

図 2.4 トンカツを丼ものにした場合

2.3 各プロセスにおけるポイント

データサイエンスの各プロセスにおけるポイントや留意点を、再度料理に喩えて説明します。

(1) 何をつくるかを決めないで料理はしない【創りたい価値、欲しい法則を最初に設定する】

料理をするとき、何をつくるか決めずに料理を始めないですよね。データサイエンスにおいても、目的もなく分析はしないと思います。分析は欲しい法則を得るための手段です。創りたい価値を設定して、欲しい法則(メニュー)を決めるのがスタートです。

(2) 食材を集めるのはけっこう大変【データ集めは大変】

食材を集めるには、何軒か店を回らないとならないかもしれません。スーパーのようにワンストップで買えるかもしれないけれど、いつでも欲しい食材があるわけではなく、そもそも取り扱ってないかもしれません。データも同じで、必ずしも1カ所にあるわけではなく、あちらこちらからかき集めてくる必要が出てきます。

また、あちらこちらのお店を回って食材を集めたけれど、量が足りないかも

しれませんし、鮮度が落ちていたり、傷んでいたりするかもしれません。データサイエンスにおいても、集めたデータが少なすぎる、古い、データが欠けていて一部が使えないということがあり得ます。 また、よい食材のほうがおいしいものができます。データサイエンスにおいても、よいデータのほうがよい成果を出せる可能性が高いです。

　そもそも、足りない食材があると料理が成立しません。チャーハンをつくろうとしたのにお米がなかったら、チャーハンは諦めなければなりません。データサイエンスにおいても、必要なデータがないと分析ができません。

(3)　どういう方法で調理するのか、どの道具を使うのか？【分析方針はどうやって決める？】

　その料理をつくるために、焼くのか、炒めるのか、茹でるのかを決めたら、そのために何を使えばよいのかを考えます。焼くならガス台や IH を使うのか、あるいは電子レンジを使うのか、茹でるなら鍋を使うのか、フライパンなのか、圧力鍋なのか、などいくつか方法があります。メインの調理に目が行きがちですが、ザルはある？　おたまは？　ボウルは？　フライ返しは？　といったように、必要な調理器具の準備も必要です。 食材を、どういう手順で、これらの道具の何を使ってどうやって調理するか(＝レシピ)を把握しておかないとなりません。 データサイエンスにおいても、どの分析方法をどういう順番でどうやって使うのかを決めておき、必要な道具(コンピュータ、ソフトウェア、解析環境、ネットワーク、ライブラリなど)を準備しておく必要があります。

　ところで、炒め物といえばガスや IH で、というのが一般的ですが、最近の電子レンジは多機能で、炒め物モードを使えば炒め物(と同じ仕上がりのもの)もつくることができます。 データサイエンスにおいても、同じような結果を出せたり、より簡単によい結果を出せる分析方法があったりと、選択肢はさまざまです。どの分析方法を使うべきかは、データの種類や分析の目的によって異なります。

(4)　下ごしらえは材料やつくるものによって異なる【データの加工方法はデータの種類や分析方法で異なる】

　玉ねぎの下ごしらえをするとき、ハンバーグならみじん切りにしますし、炒め物ならスライスか乱切りです。分析に使うデータも、分析方法に応じて、文字列をラベルや数字に変換する、データ自体を別の形式に変換するといった作業が発生します。

　また、下ごしらえは料理の工程の中で一番手間と時間がかかります。お刺身をつくるには切り身が必要ですが、その前に、ウロコを落として、頭を落として内臓を取り、三枚下ろしにしたうえで皮を剥ぐ、という下ごしらえが必要です。カレーをつくるのにジャガイモの皮を剥くのもなかなか手間がかかります。

　魚を下ろすのは普通の文化包丁より出刃包丁のほうが楽ですし、野菜の皮むきは包丁でもできますが、ピーラーのほうが楽な場合があります。分析に使うデータにあっても、データの種類によって適切な加工方法がありますので、なるべく効率的に行える方法を選ぶ必要があります。調理と違ってデータ加工の泣き所といえるのは、万能なツールがあるわけではなく、加工の内容がケースバイケースなので、プログラミングが必要になることが多い、ということでしょうか。細かな包丁遣いのテクニックが要るというイメージです。

(5)　下ごしらえができていて、レシピがあれば調理自体は難しくない【準備ができていれば分析自体は大変ではない】

　料理は、レシピどおりつくれば基本的に失敗はしません。計量器やキッチンタイマー、温度計できちんと測れば、量も時間も間違えません。お米をガス台で炊くのは少々難しいですが、炊飯器があります。また、複雑な火加減を自動的にやってくれる電子レンジもあります。

　データ分析も、分析可能なデータさえ揃えば、ソフトウェアがほとんどの作業をやってくれます。そして、その分析もほとんどは一瞬で終わります。電子レンジを例にすれば、食材を入れて、つくりたいものに応じて適切なメニューを選べばボタンを押すだけで調理してくれます。ソフトウェアを使った分析も、

データさえ準備できていれば、目的に応じて、ソフトウェアの適切なメニューを選べば結果を出力してくれます。時として、計算量が多く分析に時間がかかる場合もありますが、煮物をつくっているようなものだと考えてください。

(6)　調理に高度なテクニックが必要な場合がある【分析に高度なエンジニアリング能力が必要な場合がある】

　普段、私たちが食べるものの多くは自分で調理できますが、お寿司、ふわふわオムライス、懐石料理など、調理にあたって高度なテクニックが必要な料理もあります。ひたすら努力・修行してつくれるようになるという選択肢もありますが、潔くプロにお金を払って楽しむというのが現実的です。

　データ分析でも、高度なプログラミングやシステム構築が必要な場合があります。それらのスキルを身につけるという選択肢もありますが、有料サービスを利用する、得意な人にお願いする、という割り切りも必要です。企業活動の中であれば、その部分を外注する、社内の開発部門に依頼するというのが一般的ですので、多くの人はあまり神経質にならなくてもよいと思います。

　研究で行う場合は、研究者同士で組んで役割分担するという方法をとりますが、学生の場合はなかなか難しい面もあります。覚悟を決めて勉強するか、それを必要としない研究にするといった判断が必要になります。

(7)　盛り付けそのものを失敗すると台なし【目的を達成できるように結果を扱う】

　前述のとおり、料理をして、せっかくよいものをつくっても、その先の盛り付けを間違うと、台なしになってしまいます。データサイエンスにおいても、役に立つ法則を整理・抽出するには、分析結果の適切な扱いが重要になります。

　また、料理はきれいに盛りつけたほうがおいしく食べられますし、また、食べやすくなります。**第4章**で詳しく述べますが、データサイエンスにおいても、分析結果を他人が（あるいは自分が）理解できなかったら意味がありません。結果を理解しやすいように示すことが重要になります。

(8)　複雑な調理をしなくても、おいしいものはおいしい【必ずしも難しい分析は必要ない】

　生ハムメロンは、それはそれでおいしいのですが、メロンのまま、生ハムのままでも十分おいしいですよね。朝採れのキュウリやトマトはそのまま丸かじりするのが一番おいしいです。データサイエンスにおいても、○○分析といったことをしなくても、生データや単純な集計・グラフ化で貴重な情報がわかることも多いです。創りたい価値に応じて、なるべくシンプルに法則が得られるようにするという心構えも大事です。

(9)　どんな食材も扱い方次第【データは扱い方次第】

　よい食材を使っても、下味がついてないとか、下ごしらえを失敗したら、そのあとの調理方法が正しくてもダメですし、焦げつかせたなど、調理で失敗したらアウトです。イマイチな食材を使っても、しっかりアク抜きする、傷んでいる箇所を取り除くなど、整えてから調理すると、それなりにおいしいものに仕上がります。

　データサイエンスにおいても、よいデータがあるのに、適切な前処理をしなかったり、適切でない分析方法を使ったりするとよい結果は出ません。一方で、データの質が悪くても、異常値を精査して外すといったデータの前処理をしたり、ばらつきが大きかったりデータ数が少なかったりしても対応できる分析方法を選ぶと、それなりの結果が得られます。データの加工や分析の良し悪し、かける手間によって、結果の有用性が左右されるということは意識しましょう。

2.4　データサイエンスのデザインのポイント

　データサイエンスというと、どうしても分析のプロセスに目が行きがちですが、分析自体は役に立つ法則を抽出するための手段であり、それ自体は目的ではありません。最初に創りたい価値を定め、その実現のために欲しい法則の形を設定してから、必要なデータを集め、価値の創造につながる法則を抽出するために分析します。

　このようにゴールを起点に手順を決めていくという手法をバックキャスティングといいます。ともすると、手元にあるデータを起点にしてゴール（手にしたい価値）に向かっていくという手順（フォアキャスティングといいます）になりがちですが、データサイエンスのデザインは常にバックキャスティングで行うことが重要です。

　データサイエンスのデザインにおいて最も重要なのは、どういう価値を創造したいのかという設定であり、何が価値をもつのかを見極めるためには、それぞれの分野の専門知識や知見を蓄積することが重要です。そのためには、皆さんが学んでいる専門分野を極めることが大前提になります。そのうえで、「こういう価値を創造したい」というテーマが設定できたら、データを活用して、そのゴールに向かっていくというステップに進むことになります。データサイエンスはその戦略を考える営みに他なりません。

第3章
データマイニングとは

3.1　データマイニングの定義

　マイニングとは、鉱山で必要な物質(金属など)を取り出す作業のことです。データマイニング(Data Mining)は、直訳するとデータ(Data)を採掘する(Mining)という意味です。

　ICT の発達に伴い、大量のデータがありとあらゆる分野で蓄積され、利用可能になったことで、そこからさまざまな分析手法を用いて、新しい価値の創造につながる法則を見つけようというアプローチが注目を浴びるようになりました。つまり、データマイニングとは、データの山を掘り起こして、欲しい情報(事実や法則)を手に入れる営みなのです。

データの山

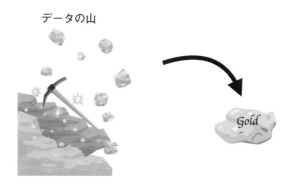

3.2　データ分析のアプローチの変遷

　データ分析は、欲しい法則を得るために行います。そのアプローチは ICT の発達によって大きく変化してきました。

　ICT が発達するまでは、データを取得・保存することに手間がかかったため、データ自体を集めるのに苦労しました。そのため、限られたデータから役に立つ法則を見出す必要がありました。

　この限られたデータから法則を抽出する方法として、統計的仮説検定と呼ばれる統計解析手法が発達しました(以下、統計解析と呼びます)。具体的には、「最初に仮説を立て、実際に起こった結果を確率的に検証し、結論を導く」方法論です。

　また、データの入手自体が大変だったので、ねらいを絞って、データ収集の手間を軽減する必要がありました。そこで、仮説を立ててその仮説を証明(検証)するためのデータを集める、というアプローチがとられました。つまり、目的達成(欲しい法則の入手)のために必要なデータを見極めて集める、という考え方です。

　めでたく仮説を証明できれば、無事に欲しい法則を手に入れられますが、仮説に誤りがあれば、その法則は得られません。統計解析は、仮説が正しいかどうかを検証する方法だからです。

　統計解析を使うデータ分析では、仮説の立案が非常に重要です。仮説といっていますが、「立てた仮説は間違いなく正しいはずだけれど、念のためそれをデータから確認しておく」というのが基本的なスタンスです。

　ICT の発達後は、データの取得・保存が容易になり、大量のデータが利用可能になりました。これをビッグデータといいます。それまでは、仮説を検証するうえで必要なデータを集めるというやり方でしたが、ICT の発達後は、「今のところ特に明確な目的はないけれど、とりあえず取得・保存しておく」ということも可能になりました。料理に喩えると、これまでは、つくる料理を決めて、それに必要な分だけ食材を集めていたけれど、今は、食べたいものが

決まっていなくても、とりあえずいろいろ食材を買って大きな冷蔵庫で保管する、というイメージです。

　ICT の発達に伴い、このビッグデータが得られるようになったのと同時に、コンピュータ(計算機)の演算能力は、パソコンの普及が始まった 1990 年代から 1,000 倍以上向上しました。また、分析手法も並行して学術的に発展して、大量のデータから項目(変数)間に存在する法則を抽出できる、いわゆる機械学習と呼ばれる手法が開発されました。機械学習では大量の計算が必要で、従来は計算に時間がかかりすぎるため実用的ではなかったのですが、現在は、コンピュータの演算能力向上によって現実的な時間で分析することができるようになりました。

　ビッグデータと高速になったコンピュータで機械学習を行うことにより、仮説なしで法則を抽出できるようになった結果、過去の経験や予想を超えた法則が見つけられるようになりました。また、統計解析では、仮説を立てる必要があり、変数を選ぶ際に、その分野に関する専門知識が必要でしたが、機械学習を使うことで、極端にいうと、その分野の知識がない人でも法則を見つけることも可能になりました。

3.3　なぜデータマイニングなのか：ビッグデータに対する統計解析手法の限界

　データ集めが大変だった時代に、限られたデータをもとに欲しい法則を得るべく発達した統計解析ですが、ビッグデータが得られるようになった現在では、今までよりも手軽に分析できるようになりました。また、大量のデータを使って統計解析を行えばもっとよい結果が得られそうですが、実際には以下のような限界があります。

(1)　原理的な限界

　統計解析は、もともと量的に限られたデータから法則を見出す手法なので、

逆に「大量のデータがあってもその情報を有効に活かせない」という側面があります。例えば、「ブラックコーヒーを好む人は男性に多く、カフェオレを好む人は女性に多い」という仮説を立てて、それを実証するために、コーヒーの好みを尋ねるアンケート調査を行ったとします。この仮説の検証のために、ICTを駆使して100万件のデータがとれたとしても、その結果は、1,000人分のデータとほとんど差がありません。このように、検定によって仮説を検証する場合は、大量にデータがあってもその情報を活かし切ることができません。

(2)　分析者側の限界

分析に用いるデータの項目（変数）が少ないうち、例えば10項目くらいであれば、どの項目がどの項目と関連があるのかを把握することができます。しかし、変数が100あるいは1,000となると、得られる結果（法則）も膨大になり、全体を把握するのが難しくなります。その結果、本当に役に立つ法則を見つけにくくなるという問題が発生します。

(3)　そもそも論

統計解析は、仮説を検証するための方法論ですので、いくらデータがあっても、立てた仮説を超えるようなまったく未知の法則は得られません。

3.4　新しい分析方法（機械学習）は万能か？

過去の経験や予想を超え、また、その分野の知識がない人でも役に立つ法則を見つけることを可能にした機械学習ですが、学習という名がついているとおり、大量のデータを使って学習すればするほど、法則の精度が上がってきます。しかし、大量のデータと高い演算能力をもったコンピュータがあれば、誰でも何でもできそうな気がしてきますが、必ずしも万能ではありません。

コンピュータの演算能力の進化により、膨大なデータの処理が可能になりましたが、処理するデータが多ければ多いほど分析に時間がかかります。法則の精度を高めるためには、なるべく多くのデータを分析に使う必要がありますが、

計算能力と計算時間の関係でおのずと限界は発生します。

　また、法則が見つかったとしても、それが役に立たないこともしばしばです。例えば、コンビニの品別売上と天気のデータを分析した結果、雨の日に確実に傘の売上が上がる、という法則が得られても、それは役に立つ法則ではありません。

　以上のように、分析者はどこかで分析作業に見切りをつける必要があり、何をどこまでやるのか、という戦略を立てる能力が必要になってきます。機械学習は、ありったけのデータを入れると「ガラガラポン」で答えを出してくれる「魔法の箱」ではないのです。

3.5　統計解析と機械学習の役割

　ここまで述べたように、統計解析と機械学習にはそれぞれ一長一短があり、目的や利用できるデータによって使い分ける必要があります。それぞれの特徴を表 3.1 に示します。

　それでは、どういうときにどちらを使えばよいのでしょうか。以下では、それぞれの利用シーンの例を述べていきます。

(1)　機械学習がよい場合
　機械学習が有効なのは、法則や分類結果そのもの、あるいはその精度が重要

表 3.1　機械学習と統計解析の特徴

	機械学習	統計解析
変数の選択	説明変数(特徴量)はなんでも投入できる。	評価対象に関係がありそうな説明変数を厳選して投入する必要がある。
結果の意義	得られた法則・ルールの精度(正答率)の高さがすべて。どの変数が結果にどれくらい影響したかは把握できない。	どの変数が結果にどれくらい影響したかが把握できる。

なときです。以下に例を示します。

① この顧客が製品Aを買う具体的な確率を知りたい

② この画像に映っているのはネコであるかどうか判定したい

③ 勝ちパターンを見つけたい（例：前日の練習を18時に切り上げ、近所の神社にお参りして、朝食にバナナを食べると、勝率は80%）

①の場合、例えば接客対応の仕事をしているとして、対応している目の前のお客さんが製品Aを買ってくれる確率が高いのか低いのかによって、お客さんに割く時間を調整したい、ということが考えられます。つまり、買ってくれそうなお客さんに時間を使い、そうでないお客さんには時間を使わないようにしたいなら、その確率自体と精度が重要になります。逆に、売れる製品の企画を立てる仕事であれば、そのお客さんが製品Aをなぜ買うのか・買わないのかという理由を知ることが重要ですが、機械学習は理由を示すのは苦手です。

②のように、動物の種類といった、法則によって画像データを自動的に正確に振り分けるといった作業は機械学習が得意とするところです。

③の場合、例えばジンクスが本当に存在するのであれば、あらゆる行動の組合せから、次の日の試合に勝つ確率の高い行動パターンを機械学習によって抽出することができます。逆に、そのパターンが機械学習によって見つからなかった場合は勝ちパターンはない、と判断することもできます。

(2) 統計解析がよい場合

評価する対象にどういう要素（統計学では因子と呼びます）がどれくらい影響を与えているのかという情報が重要となるような取組み、例えば販売戦略や政策の立案においては統計解析が有効です。

① SNS広告をどれくらい増やせば売上がどれくらい増えるのか

② 金利をどれくらい下げれば、企業の設備投資は増えるのか

③ ある教育プログラムを実践すると生徒の学力がどれくらい向上するか

統計解析では、項目間の関連や因果関係ならびにその程度を明らかにすることができます。一方で、予測や分類の精度を高めるためには、適切な変数を選

択する必要があり、それが適切でないと分析の精度が上がらない、適切な変数選びにはその分野の専門的知識が必要、という課題があります。

3.6　データマイニングとの付き合い方

　これからは、今まで以上に多くのデータが蓄積・保存されるようになります。どのような職業・職種でも、それらを使って意思決定をすることが当たり前になっていきます。そのような世の中にあって、多くのビジネスパーソンにとって重要なことは、難解な数式を覚えることではなく、データ分析の仕組みと理屈を理解し、目的に合わせて適切な手法を選択し、活用できることです。分析自体は、Microsoft Excel をはじめとしたソフトウェアがやってくれます。たとえそれらを使いこなせなくても、得意な人に分析をお願いすればよいのです。しかし、どういう価値を創りたくて、そのためにはどういう法則が必要で、それを得るために、どういうデータからどういう分析をすればいいのかは、問題の当事者である皆さん自身が考える必要があります。これこそがこれからのビジネスパーソンに求められる、本書で解説している「データ活用スキル」です。

第4章
データの見方・見せ方

4.1　データの見方・見せ方の基本的な考え方

　ICT の発達によりさまざまなデータが大量に簡単に収集できるようになったことは繰り返しお伝えしましたが、実際に得られるデータは文字や数値の羅列です。例えば、あるコーヒー店での男女別のブラックとカフェオレの売上データ(種類と時刻)が得られたとします。データ自体は**図** 4.1 のようなものになりますが、これを一目見て、「男性はブラックが好きだな！」とか「午後3

```
時
刻:9:00:00,9:06:46,9:12:13,9:13:56,9:14:57,9:15:09,9:18:17,9:20:13,9:23:30,9:24:27,9:25:24,9:26:10,9:28:35,9:30:43,9:33:19,9:
36:09,9:40:27,9:42:37,9:43:54,9:46:36,9:51:43,9:52:21,9:56:07,9:57:49,9:58:06,9:58:50,10:02:11,10:03:48,10:08:37,10:11:48,10
:12:49,10:16:47,10:21:11,10:31:52,10:32:53,10:36:18,10:46:23,10:48:07,10:49:35,10:55:28,10:57:50,11:00:34,11:02:56,11:06:18,
11:16:04,11:19:03,11:19:04,11:19:32,11:36:43,11:37:33,11:45:40,11:46:06,11:46:27,11:47:53,11:48:26,11:50:09
9,11:54:10,11:58:49,12:01:36,12:04:06,12:05:55,12:08:39,12:14:13,12:15:02,12:18:52,12:20:51,12:27:00,12:28:12,12:29:40,12:31
:32,12:35:05,12:35:39,12:47:52,12:48:32,12:51:53,12:53:35,12:56:26,12:58:24,13:03:18,13:06:49,13:09:07,13:
12:30,13:13:16,13:18:31,13:18:36,13:19:08,13:19:23,13:23:19,13:24:33,13:24:39,13:27:10,13:29:05,13:30:37,13:37:54,13:42:47,1
3:45:08,13:47:09,13:51:37,13:52:25,13:54:27,13:57:08,13:57:32,13:58:40,14:01:50,14:03:13,14:04:44,14:09:43,14:13:07,14
,14:17:44,14:18:21,14:26:52,14:40:54,14:45:51,14:51:33,14:54:11,15:01:04,15:02:55,15:04:30,15:07:32,15:08:13,15:30:38,15:10:
51,15:13:58,15:14:02,15:15:09,15:19:05,15:19:25,15:20:04,15:21:34,15:23:18,15:23:28,15:25:03,15:25:11,15:25:59,15:30:55,15:3
2:01,15:35:05,15:35:58,15:40:39,15:41:35,15:42:04,15:45:50,15:55:54,16:02:47,16:03:00,16:04:55,16:08:56,16:12:49,16:14:40,16
:20:11,16:20:45,16:21:39,16:22:37,16:35:19,16:38:50,16:42:01,16:43:55,16:45:29,16:51:54,16:52:34,16:53:59,17:02:41,
17:03:09,17:10:02,17:12:26,17:28:17,17:28:17,17:33:52,17:36:20,17:36:37,17:37:59,17:42:16,17:51:41,17:52:55,17:56:02,17:58:0
9,18:00:05,18:01:01,18:03:28,18:07:27,18:07:33,18:09:30,18:16:42,18:23:18,18:23:29,18:28:43,18:28:46,18:34:02,18:38:33,18:42
:47,18:43:13,18:50:26,18:51:16,18:53:40,18:54:31,18:55:36,18:56:41,18:56:49,18:56:54,18:57:03,18:58:16,19:01:38,19:04:33,19:
09:17,19:11:07,19:11:33,19:11:57,19:17:59,19:53:05,19:58:58,19:59:00,19:45:30,19:47:18,19:48:38,19:51:34,19:53:05,19:45:29,1
9:45:30,19:47:18,19:48:38,19:51:34,19:53:05,19:58:58,19:59:00
性別:男性,男性,男性,男性,女性,女性,女性,女性,女性,女性,男性,女性,男性,女性,男性,女性,女性,女性,女性,男性,男性,男性,女性,
性,男性,男性,男性,男性,男性,男性,男性,女性,男性,男性,女性,女性,男性,女性,男性,女性,女性,女性,女性,女性,女性,女性,男性,女
性,女性,男性,男性,男性,女性,女性,男性,男性,女性,男性,女性,男性,女性,女性,女性,男性,女性,女性,男性,女性,女性,女性,女性,男性,
男性,男性,女性,女性,女性,男性,男性,女性,男性,女性,女性,男性,男性,男性,女性,男性,女性,男性,女性,女性,女性,女性,男性,男性,女
性,男性,女性,男性,女性,女性,女性,女性,男性,男性,男性,男性,男性,女性,女性,男性,男性,男性,女性,女性,男性,女性,女性,女性,女性,
女性,女性,女性,女性,女性,女性,女性,女性,男性,女性,男性,男性,男性,男性,男性,男性,男性,女性,男性,女性,女性,女性,男性,男性,女
性,女性,女性,女性,女性,女性,女性,女性,男性,女性,男性,女性,女性,男性,女性,男性,男性,男性,男性,男性,女性,男性,男性,男性,女性,
男性,男性,女性
種類:ブラック,ブラック,カフェオレ,ブラック,カフェオレ,カフェオレ,ブラック,ブラック,カフェオレ,カフェオレ,カフェオレ,ブラック,カフェオレ,カフェオレ,ブラック,ブラック,ブラック,カフェ
オレ,ブラック,カフェオレ,カフェオレ,ブラック,ブラック,ブラック,ブラック,カフェオレ,カフェオレ,カフェオレ,カフェオレ,ブラック,ブラック,ブラック,カ
フェオレ,カフェオレ,カフェオレ,ブラック,カフェオレ,ブラック,ブラック,ブラック,ブラック,カフェオレ,カフェオレ,カフェオレ,カフェオレ,ブラッ
ク,ブラック,ブラック,カフェオレ,カフェオレ,カフェオレ,カフェオレ,ブラック,ブラック,ブラック,ブラック,ブラック,ブラック,ブラック,ブラック,ブラック,
カフェオレ,ブラック,ブラック,ブラック,カフェオレ,ブラック,ブラック,ブラック,カフェオレ,カフェオレ,ブラック,カフェオレ,カフェオレ,カフェオレ,
カフェオレ,ブラック,ブラック,カフェオレ,ブラック,カフェオレ,カフェオレ,ブラック,カフェオレ,カフェオレ,ブラック,カフェオレ,カフェオレ,カフェオレ,カ
フェオレ,カフェオレ,ブラック,カフェオレ,カフェオレ,ブラック,ブラック,カフェオレ,ブラック,カフェオレ,カフェオレ,カフェオレ,ブラック,カ
ブラック,ブラック,カフェオレ,ブラック,ブラック,ブラック,カフェオレ,ブラック,ブラック,カフェオレ,カフェオレ,カフェオレ,カフェオレ,ブラック,ブラック,
フェオレ,カフェオレ,ブラック,カフェオレ,ブラック,ブラック,カフェオレ,ブラック,カフェオレ,ブラック,ブラック,ブラック,カフェオレ,カフェオレ,ブラック,
カフェオレ,カフェオレ,カフェオレ,カフェオレ,ブラック,カフェオレ,カフェオレ,ブラック,ブラック,カフェオレ,カフェオレ,カフェオレ,ブラック,カフェオ
レ,カフェオレ,カフェオレ,ブラック,カフェオレ,ブラック,ブラック,カフェオレ,カフェオレ,ブラック,カフェオレ,ブラック,ブラック,カフェオレ,カフェオレ,カフェオ
レ,ブラック,カフェオレ,カフェオレ,ブラック,カフェオレ,ブラック,ブラック,ブラック,カフェオレ,カフェオレ,カフェオレ,ブラック,カフェオレ,カフェオレ,ブラック,カ
フェオレ,カフェオレ,ブラック,カフェオレ,カフェオレ,カフェオレ,カフェオレ,カフェオレ,ブラック,ブラック,ブラック
```

図 4.1　あるコーヒー店での男女別のブラックとカフェオレの売上データ

時ごろは意外に売れないんだな…」と即座に判断できる人はいないと思います。得られたデータから役に立つ法則を得るためには、**第 2 章**で触れた下ごしらえの作業が必要になります。

(1)　データ形式の整備

最初に、データ分析できるような形式に整備する必要があります。図 4.1 は各データ要素がカンマで区切られたものですが、例えばこれを Excel などの表計算ソフトで読み込めば、表形式で扱うことができるようになります。集計やグラフ化、**第 5 章**で紹介する検定など、ほとんどの分析はデータを表形式に変換することで実施可能になります。

(2)　情報の取り出し

データが整備できたら、必要な情報、欲しい情報を取り出していきます。表をじっと睨んでいると、なんとなく傾向が見えてくる人もいるかもしれません。全体の傾向を粗づかみするだけならそれでもよいのですが、必要な情報、欲しい情報を得るために、分析を行います。分析、というと何やら難しいことをしているイメージがありますが、単純に集計する、平均値を計算する、グラフにするというのも立派な分析です。集計とグラフ化で欲しい情報・必要な情報を得られることも多いですし、さらに踏み込んだ分析が必要な場合でも、まず、集計とグラフ化をして、全体像をつかむことは必須の作業です。

(3)　情報の可視化

得られた結果を自分だけのために使うのであれば、自分だけが理解できればよいのですが、研究活動や企業での業務では、結果を人に伝えることが必要です。人に伝えるうえでは、内容を素早く、正確に伝えることが求められます。それを文字や言葉だけで伝えることも可能ですが、時間がかかります。一方で、表やグラフを使って情報を「可視化」することで、それらを素早く、正確に伝えることが可能になります。

4.2 度数データの見方・見せ方

　それでは、具体的な事例を使って、データの見方・見せ方の基本的な考え方を見ていきましょう。ここで、図4.1のような、あるコーヒー店での、男女別のブラックとカフェオレの1日の売上数、売上時間のデータがあるとします。あなたがこのコーヒー店のオーナーだとして、経営戦略を考えるために、そのデータから何を知りたいか、明らかにしたいかを、あるいは、あなたが中小企業経営コンサルタントだとして、オーナーに経営戦略を提案するために、そのデータから何を伝えたいかを考えてみましょう。

(1) 単純集計

　まず、最も基本的な分析として単純集計という方法があります。例えば、このお店のお客さんは男性中心なのか女性中心なのかを知りたい場合は、男性と女性の来客者数の割合の情報が必要です。その割合を計算するためには、男性と女性のそれぞれの来客者数の情報が必要です。男性・女性、あるいはブラックとカフェオレなど、項目別の人数や売上数を集計する方法を単純集計と呼びます。人数や個数のように、0以上の整数で表現されるデータを度数データと呼びます。コーヒーの売上数を性別とメニューで単純集計した結果を**表4.1**に示します。

表 4.1　コーヒーの売上数の単純集計結果（性別、メニュー別）

	合計	割合（%）
男性	93	40.4
女性	137	59.6
合計	230	100

	合計	割合（%）
ブラック	110	47.8
カフェオレ	120	52.2
合計	230	100

(2) 単純集計結果の見せ方

　単純集計の表だけでも必要な情報を得ることができますが、把握するのに少し時間がかかります。単純集計の結果をグラフ化することでより早く状況を把握し、より早く人に情報を伝えることができます。ここでは、人により早く情報を伝えるという観点から話を進めます。より早く人に情報を伝えられるということは、自分でもより早く状況を把握できるからです。

　単純集計結果について、より早く情報を伝えるために、どういうグラフを使えばよいでしょうか。皆さんが最初に思いつくのは棒グラフや円グラフだと思います。

　単純集計結果を Excel などの表計算ソフトを使ってそのまま棒グラフと円グラフにすると、**図 4.2** のようになります。左の棒グラフは人数や個数などの度数の大小関係を把握するのに適しています。右の円グラフは全体に占める各項目の割合を把握するのに適しています。

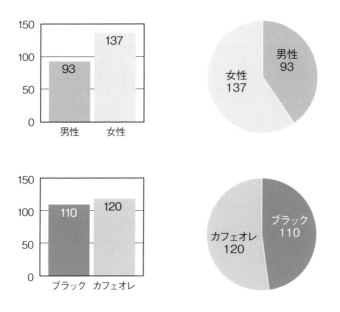

図 4.2　コーヒーの売上数の単純集計結果グラフ（性別、メニュー別）

棒グラフでは各項目の割合は把握できません。割合を把握するのであれば円グラフのほうがわかりやすいです。ただ、円グラフの中に度数を入れると、見る側は混乱します。円グラフは割合を把握する際に使われるため、一見したとき記載されている数字はパーセント値と勘違いすることが多いからです。

次に、単純集計結果から計算した割合データを使って棒グラフ・円グラフにすると図 4.3 のようになります。円グラフでは、面積と割合が一致するので認識しやすくなります。一方で、棒グラフで割合を示した場合、項目間の割合の大小は把握できますが、全体に対してどれくらいの割合かという情報は数字からしかわかりません。このように項目別の割合を示す場合は円グラフが適していますが、棒グラフであっても、図 4.4 のように、要素別の割合（ここでは男性、女性それぞれの売上数割合）をバーで積み上げる 100% 積み上げ棒グラフという方法であれば、円グラフと同等の情報の把握しやすさを実現できます。

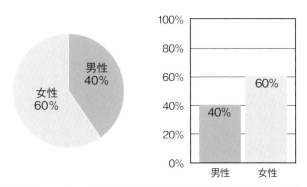

図 4.3 コーヒーの売上数の性別割合の円グラフと棒グラフ

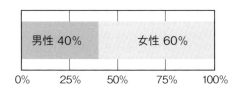

図 4.4 コーヒーの売上数の性別割合の 100% 積み上げ横棒グラフ

　見やすさでは円グラフに軍配が上がりますが、100％積み上げ棒グラフは、円グラフより少ないスペースで作成できるのと、縦長・横長のレイアウトにも対応できるので、書類や Web ページでレイアウトの制限があるときに重宝します(私はもっぱら 100％積み上げ棒グラフを使います)。

(3)　クロス集計

　単純集計では、性別あるいはメニュー別の売上数や割合を把握することができました。

　コーヒー店のオーナーとして、メニューの準備や仕入れを計画するとき、男性と女性でブラックとカフェオレの注文の傾向に違いがなければ、単純集計の結果(数や割合)をそのまま使えば計画ができます。もし、注文に男女で違いがある、つまり、性別でメニューの好みに違いがあった場合、男性客あるいは女性客が多い日・時間帯によって段取り(準備や仕入れ)を変えたほうが、経営的にはプラスになると見込まれます。逆に好みの違いや客層の違いを考慮しなかった場合、欠品して商品を提供できないとか、仕入れが多すぎて廃棄の量が増えるといったように、経営面でマイナスの影響が発生する可能性があります。したがって、性別でブラックとカフェオレの売上割合が違うのか、つまり、性別でメニューの好みの違いがあるかを把握する必要があります。

　クロス集計は、2 つ以上の項目の要素(例：性別、メニュー)の、組合せごとの評価対象の度数(例：売上数)を集計する方法です。具体例で見ていきましょう。

　表 4.2 は、性別でブラックとカフェオレの売上数を示したクロス集計表です。表をじっと見ると、男性は全体では 93 名で、ブラックを注文した人が 65 名いるので(2 行目)、半分以上の男性はブラックを注文しているとか、逆に女性は全体で 137 名で、カフェオレを注文した人が 82 名いて(3 行目)、半分以上の女性はカフェオレを注文しているので、性別でメニューの好みに違いがありそうだ、ということは何となくわかると思います。

表 4.2　性別とメニューの売上数クロス集計表

メニュー

		ブラック	カフェオレ	合計
性別	男性	65	28	93
	女性	55	82	137
	合計	120	110	230

A：性別でのメニューごとの売上数

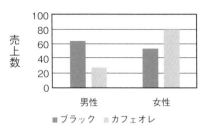

B：メニューごとの性別の売上数

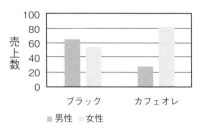

図 4.5　性別とメニューの売上数クロス集計結果の棒グラフ

　ただ、表だけを見ていても具体的な違いははっきりとわからないので、ここでまたグラフを使って全体を把握していきます。まず単純に棒グラフをつくってみましょう。図 4.5 は、性別でのメニューごとの売上数(A)、メニューごとの性別の売上数(B)を示したものです。もとのデータは同じですが、横軸にメニューをとったか性別をとったかの違いがあります。どちらを使えばよいのかは、データから何を知りたいかという目的によって変わります。性別でのメニューごとの売上数の違いが知りたいのであればグラフ A を使い、メニューごとの性別の売上数の違いが見たいのであればグラフ B が適しています。

　図 4.5 のグラフ B を見ると、ブラックは男女ともに同じくらい支持されていて、カフェオレは女性の支持がとても高いように見えます。しかし、お客さんの人数は女性の方が男性より 4 割ほど多いので、性別によるメニューの好みの違いは、単純に上記のような解釈はできません。

そこで、人数ではなく、割合を見ていきましょう。**表4.3**は性別のメニュー選択の割合と、メニューごとの性別の売上数割合を示したものです。表Cを見ると、男性はブラックの売上割合が高く、女性はカフェオレの売上割合が高いことがわかります。

クロス集計データについても、全体を把握するためにグラフ化してみましょう。クロス集計データのグラフ化では100%積み上げ棒グラフを使うのが一般的です。**図4.6**は、性別のメニュー選択割合とメニューごとの性別の売上数割合を100%積み上げ棒グラフにしたものです。同じクロス集計データについて、縦軸にメニューをとったか、性別をとったかの違いです。どちらを使えばよいのかは、データから何を知りたいか・伝えたいかという目的によって変わります。性別でのメニューの好みの違いが知りたいのであればグラフE、メニューによる性別でのシェアの違いが伝えたいのであればグラフFが適しています。

表4.3 性別とメニューの売上割合クロス集計結果

C：性別のメニュー選択割合　　　（％）

	ブラック	カフェオレ	合計
男性	69.9	30.1	100
女性	40.1	59.9	100
合計	52.2	47.8	100

D：メニューごとの性別の売上数割合　　　（％）

	男性	女性	合計
ブラック	54.2	45.8	100
カフェオレ	25.5	74.5	100
合計	40.4	59.6	100

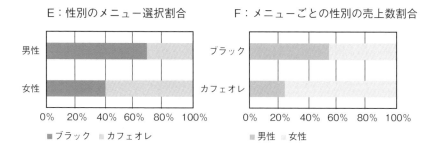

図 4.6　性別とメニューの売上割合クロス集計結果の 100%積み上げ横棒グラフ

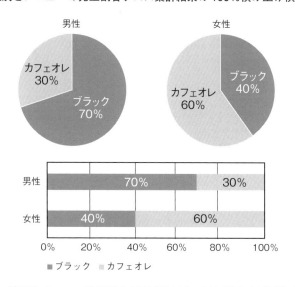

図 4.7　性別のメニュー選択割合の円グラフと 100%積み上げ横棒グラフ

　ところで、割合を示す場合は円グラフが適しているという話を前項でしました。性別のメニュー選択割合を円グラフと 100%積み上げ横棒グラフで表現したものを**図 4.7**に示します。円グラフ(上)は見やすいのですが、スペースを使っている割に得られる情報が少ないですね。Web ページなど、表示スペースに余裕がある場合は円グラフを並べるスタイルでもよいと思いますが、レポートや論文、報告書など、スペースが限られていたり、レイアウトに制約があっ

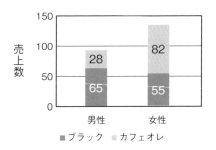

図 4.8 性別のメニュー選択数(積み上げ棒グラフ)

たりする場合は積み上げ棒グラフ(下)で十分だと思います。また、例えば年齢層別のブラックとカフェオレの売上数割合を比較する場合など、縦軸の項目が2つ以上になる場合は、100%積み上げ棒グラフのほうがわかりやすくなります。

　クロス集計表のデータを使ってグラフ化する際つくられがちなのが、**図 4.8**のような形式です。売上数と割合のイメージの両方の情報があり、一見よさそうに思えますが、情報の焦点が絞れず、見る側は理解にしにくくなります。

　クロス集計データをもとにグラフを作成するときは、何の、何が、どうなっていることを伝えたいのか、頭の中で整理してからグラフにすることが大事です。

4.3 数値データの見方・見せ方

　重さや長さのように、値の大きさに意味があるデータを数値データと呼びます。世の中に存在するデータはほとんどが数値データで、その整理の方法は数多くありますが、ここでは、代表的なものを紹介します。

(1) 時系列データ
　時間とともに変化する数値データを時系列データと呼びます。時系列データの代表例として、年ごとの人口推移を**図 4.9**に示します。時系列データを示す

ときには一般的には折れ線グラフが使われます(図4.9左)。棒グラフでも時間の経過に伴うデータの変化を表現することはできますが、視認性が悪くなります(図4.9右)。

(2) 関連の評価

身長と体重の関係のように、2つの数値データの関連を評価したいときには散布図(**図4.10**)を使います。

(3) レーダーチャート

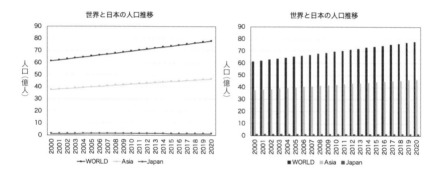

図 4.9 世界と日本の人口データ推移

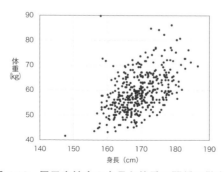

図 4.10 男子高校生の身長と体重の関係の散布図

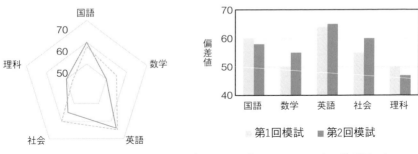

図 4.11 2回の模試の科目別得点(左:レーダーチャート、右:棒グラフ)

　高校受験の模試を春と秋に受けたとします。2回の模試の科目別偏差値の変化を把握したいときは、**図 4.11** 左のような形式のグラフが適しています。これはレーダーチャートと呼ばれ、グループごとの評価項目の数値データの関係を把握したいときに使われます。

　グループごとの評価項目の関係を表現するのは棒グラフでも可能ですが(図 4.11 右)、レーダーチャートでは、グループごとに囲まれたエリアの形でグループごとの特徴を視覚的に把握できるので、直感的にわかりやすいと思います。この例は評価項目が5つですが、その数が多いときは特にその視覚的な効果がはっきりします。

4.4　データの見方・見せ方の戦略

　本節では、大気中の二酸化炭素濃度の時系列データを例にして、データの見方・見せ方の戦略を考えていきます。

　最初に、大気中の二酸化炭素濃度の時系列データに関する背景を説明します。地球を温める効果をもっている気体のことを温室効果ガスと呼び、これが増えると、地球の平均気温が上昇します。これを地球温暖化と呼びます。地球温暖化が進むと、気候変動、生態系への影響、農業生産への影響、海面の上昇など、人間の生活に甚大な影響を与えることが予想されています。地球温暖化を防止

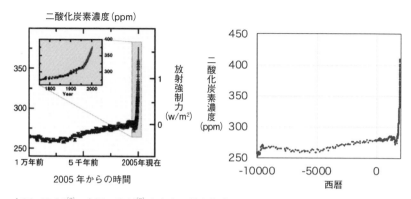

左図：IPCC[2]、右図：資料[3] をもとに筆者作成

図 4.12 二酸化炭素濃度の経時変化

するために、温室効果ガスの排出量を削減することが必要であり、温室効果ガス削減は世界的な最重要課題の一つとして、その対応が世界的に進められています。

温室効果ガスはいくつか種類がありますが、代表的なのは二酸化炭素で、温室効果全体の約6割を占めています。二酸化炭素は石油・石炭・天然ガスなどの化石燃料を燃やすと発生します。地球温暖化対策を考えるときには、代表的な温室効果ガスである二酸化炭素の大気中の濃度のデータがしばしば用いられます。

以上の背景を踏まえ、地球温暖化やその対策を考えるうえでの大気中の二酸化炭素濃度の時系列データの見方・見せ方を考えていきます。

図 4.12 の左のグラフは、気候変動に関する政府間パネル（IPCC）が 2007 年に示した、1 万年前から現在までの大気中の二酸化炭素濃度の経時変化です[2]。それを資料[3] をもとにプロットし直したのが図 4.12 の右のグラフです。

（1）　二酸化炭素濃度の経時変化のさまざまな見せ方

図 4.12 のデータを使って、設定を少しずつ変えてプロットしたグラフをいくつか紹介します。

　図 4.13 のグラフは、図 4.12 の横軸の長さを 2.5 倍にしてプロットし直した
ものです。2 つのグラフのデータ自体はまったく同じですが、見た目の印象は
いかがでしょうか。図 4.12 はここ 200 年で急激に濃度が上がっている印象が
強く、横軸が長い図 4.13 に比べて、なんとなく切迫感が強い印象をもつので
はないでしょうか。

　図 4.14 は、図 4.13 の縦軸を 0 〜 500ppm の範囲でプロットし直したもので
す。図 4.14 は図 4.13 に比べて濃度上昇の急激感が薄れるのではないでしょう
か。時系列での変化が小さいときに、図 4.13 のように、変化が見られる範囲
だけを横軸にとることでその変化を明確に示すことができます。一方で、数値
があたかも 5 〜 10 倍になったかのような誤った印象を与えかねません。図
4.14 からわかるように、実際には 3 割程度の増加です。ここ 200 年での急激な
濃度上昇を訴えたいのであれば図 4.13 が適切ですが、ここ 200 年で濃度が 3
割上昇した、という全体のトレンドを示したいのであれば、図 4.14 のほうが
適切です。

　図 4.15 は、図 4.14 の縦軸を 0 〜 1,000ppm の範囲でプロットし直したもの
です。縦軸の目盛りの細かさ（解像度）が 100 から 200 になっています。図 4.15
は図 4.14 に比べて濃度上昇感が薄れるのではないでしょうか。図 4.14 は評価
期間内のトレンドを示すうえで意味がありますが、図 4.15 のように縦軸の上
限を 1,000ppm にすることの必然性は見当たりません。むしろ、濃度上昇はわ

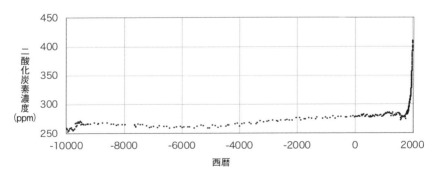

図 4.13　過去 1 万年の二酸化炭素濃度の経時変化（時間軸を長くした）

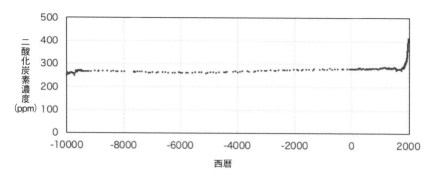

図 4.14　過去 1 万年の二酸化炭素濃度の経時変化（縦軸の範囲：0 ～ 500ppm）

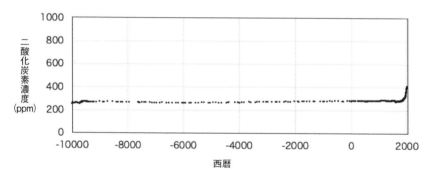

図 4.15　過去 1 万年の二酸化炭素濃度の経時変化（縦軸の範囲：0 ～ 1,000ppm）

ずかであるという印象操作につながりかねません。

　図 4.16 と図 4.17 は、それぞれ図 4.14 と図 4.15 の横軸（時間軸）を過去 2000年の範囲でプロットしたものです。図 4.14 と図 4.15 に比べて濃度上昇の急激感が薄れるのではないでしょうか。特に図 4.17 は緊迫感が薄れる印象です。

　図 4.17 について，さらに時間軸を過去 500 年、200 年にしたものを、それぞれ図 4.18 と図 4.19 に示します。これらのグラフからは、濃度上昇が急に発生したのではなく、ゆっくり起きていて、ここ 50 年くらいから上昇が早くなっているような印象を受けます。

　このように、グラフを使ってデータに潜む情報を伝えるうえでは、何のため

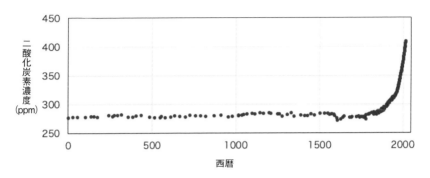

図 4.16　過去 2000 年の二酸化炭素濃度の経時変化（縦軸の範囲：250 ～ 450ppm）

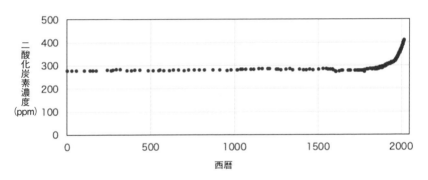

図 4.17　過去 2000 年の二酸化炭素濃度の経時変化（縦軸の範囲：0 ～ 500ppm）

に、何を伝えたいのかが重要であり、それをわかりやすく伝えるためにどういうグラフにするべきか、ということを考える必要があります。

　グラフを見る側としては、図 4.19 はグラフ以前（1800 年以前）のデータがわからないので、図 4.14 で示した様子を把握することができません。しかし、図 4.12 が示されたとき、①縦軸の濃度の範囲、②横軸の時間の範囲、③グラフの縦横比を変えたらどういうグラフになるか、ということを少し想像するだけで、違った情報を認識することができます。

　逆に、同じデータであってもグラフのつくり込み方で印象を操作することも可能です。データ自体は正しく、またグラフも科学的には正しいので、印象操

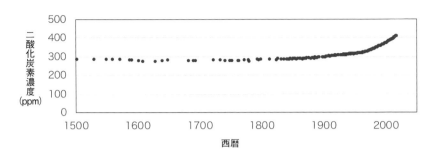

図 4.18　過去 500 年の二酸化炭素濃度の経時変化（縦軸の範囲：0 〜 500ppm）

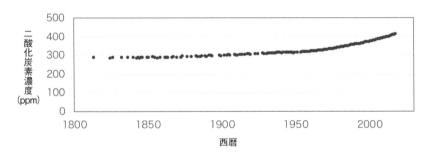

図 4.19　過去 200 年の二酸化炭素濃度の経時変化（縦軸の範囲：0 〜 500ppm）

作されているという実感は湧きにくいです。ここまで示したように、すべて同じデータからつくったグラフでも、縦軸の濃度の範囲、横軸の時間の範囲やグラフの縦横比を変えただけで、印象が大きく変化することがわかります。図 4.15 の縦軸の設定に必然性はないですが、間違いというわけではありません。その他のグラフは、データから伝えたい内容に応じて利用可能なものです。グラフを見るときは、時には上記の①〜③に思いを巡らせることも必要です。

(2)　二酸化炭素濃度の経時変化を説明するうえで適切なグラフとは

　それでは、本節の冒頭で説明したような背景を踏まえ、「二酸化炭素濃度が過去にないくらい上昇している」ということを、科学的に正しく、かつわかり

やすく伝えるには、どういうグラフにするのがよいのでしょうか。

　大気中の二酸化炭素濃度は、人間の経済活動(化石燃料の燃焼)だけでなく、自然現象(火山噴火など)や大気温の変動による海での二酸化炭素吸収・放出バランスの変化による影響を受けます。また、地球が受け取る太陽放射の量(日射量)は、天文学的要因(地球の歳差運動、自転軸傾斜、公転軌道偏心率変化といった軌道要素の変化)によって地球と太陽の位置関係に微妙なずれが発生するため、大気温度は10万年サイクルで変動しています(ミランコビッチサイクルといいます)。それに対応して、海水温度が変化するため、海水に溶ける二酸化炭素量も変動し、大気中の二酸化炭素濃度も変動します。

　図4.20は、80万年前からの大気中の二酸化炭素濃度の変化を示したものです。おおむね10万年サイクルで濃度が変動していることがわかると思います。2万年前の前後から二酸化炭素濃度が上昇するサイクルに入っていますが、私たちが生きている今の時代の二酸化炭素濃度は、地球の歴史の時間軸から見ると特異であることがわかります。私たちの先祖であるホモサピエンスが現れたのは20万年前あたりといわれています。その前後ではミランコビッチサイクルに沿って二酸化炭素濃度が変動していることから、彼らの活動が二酸化炭素

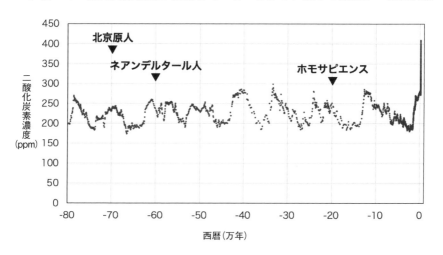

図4.20　過去80万年の二酸化炭素濃度の経時変化(縦軸の範囲：0～450ppm)

濃度影響を与えていなかったことがわかります。地球の歴史から考えて、現代では異常な濃度上昇をしていることや、近代以降の人間の経済活動が影響していることを伝えたいなら、図 4.20 のように人類が発生する以前からの濃度変化を示せればよいのではないでしょうか。

4.5　やってはいけないこと、やるべきではないこと

前節でグラフの作り方・見せ方で印象が変わってしまうことを述べましたが、本節では、グラフの作り方・見せ方において、やってはいけないこと、やるべきではないこと、を考えていきます。

(1)　やってはいけないこと

図 4.21 を、TV 番組のテロップで映されたことをイメージして、5 秒だけ見て、グラフから目を離してください。どういう印象が残りましたか？　政権を支持しない人は過半数なんだな、という印象でしょうか。

それは、もう一度図 4.21 を見てください。何がおかしいか気づいたでしょうか。円グラフはすべての項目の割合の合計を 100%として、各項目の割合を面積で表現する方法です。「支持しない」の割合は 47%なのに、グラフでは過半数になっています。科学的には誤り、捏造といえます。今、本書を手にしてじっくり見ればそのおかしさに気づきますが、テレビで数秒から 10 秒だけ見

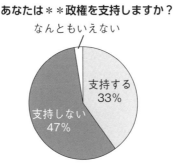

図 4.21　政権支持率に関する世論調査の結果を示した円グラフ

せられたら、割合ではなくグラフの形で全体を判断するだろうと思います。グラフのよさは、短い時間で情報を伝えられることですが、そのよさを悪用した例です。

(2)　やるべきではないこと

TV 番組で、**図 4.22** がアニメーションで映されたことをイメージしてください。最初に 2012 年のグラフが 5 秒ほど映されて、そのあと、2022 年のグラフがアニメーションで入ってきたとします。その瞬間にキャスターが「まだまだ賛成の人も多いですね」とコメントして、10 秒程度で次の話題の画面に映ったとします。おそらく違和感を感じずに、キャスターのコメントを受け止めるのではないでしょうか。

よく図を見ると、2012 年の賛成の割合は 60%で、2022 年は 40%です。データから伝えるべき事実は、賛成が大幅に減ったこと、あるいは反対が大幅に増えたことですが、図 4.22 では帯の色を「賛成」は濃くして(例えば赤)、「反対」は薄くする(例えば灰色)することで、「賛成」に目がいくようにして、立体グラフをアニメーションで見せつつ、遠近感の錯覚を使って「賛成」が減ってい

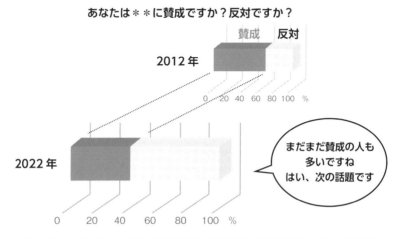

図 4.22　あるテーマに関する賛否の世論調査の結果の過去と現在の比較

ないような印象を与えようとしています。

　データを操作することなく、データが示す本質とは別のことを伝えようとするテクニックといえますが、要は印象操作ですので、そもそもやるべきではないことだと思います。

　また、前項で紹介した世論調査のグラフですが、賛成（33％）と反対（47％）の割合が正しいとすると、「なんともいえない」の割合は 20％になります。これらの割合をもとに円グラフをつくり直すと図 4.23 になります。

　これを、「支持しない」を手前になるようにして立体円グラフにしたものが図 4.24 です。「支持しない」の印象は、47％という割合以上に強くなっているのではないでしょうか。

　そして、図 4.24 をさらに低い視点から見たようにしたものが図 4.25 です。ここまでやると、もう「支持しない」しか目に入らなくなります。図 4.25 は図 4.21 と違ってデータを忠実に表現していますが、情報を正確にすばやく伝えるというグラフの役割から逸脱しています。

　立体グラフは「おしゃれ」に見え、目を惹くことができるので、メディアでは頻繁に用いられていますが、情報を正確にすばやく伝えるうえでは、グラフを立体化することのメリットはないと思います。変数が 3 つあるデータであれば、3 次元化（立体化）することは意味がありますが、データサイエンスの立場からは、2 次元のグラフは立体化する必要はないといえます。

　ここで紹介した 2 つの例は、科学的には誤りではなく、捏造とまではいえないかもしれませんが、やるべきではない結果のまとめ方といえます。

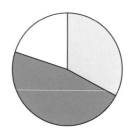

■ 支持する ■ 支持しない □ なんともいえない

図 4.23 政権支持率に関する世論調査の結果を正しく示した円グラフ

■ 支持する ■ 支持しない □ なんともいえない

図 4.24 図 4.23 を立体化した円グラフ（その 1）

■ 支持する ■ 支持しない □ なんともいえない

参考文献 [4] を参考にして作成

図 4.25 図 4.23 を立体化した円グラフ（その 2）

第5章
データ分析と検定

5.1 統計的仮説検定とは

　第4章で示したあるコーヒー店での男女別のブラックとカフェオレの売上数のクロス集計表と男女別の売上割合のグラフを**図5.1**に再掲します。グラフを見ると、男性にブラック好きが多く、女性にカフェオレ好きが多いように見えます。

　ブラックとカフェオレの売上数については、この日に来店した人に限っていえば、データのとおりです。一方で、このコーヒー店に来店するお客さんに常にそういう傾向があると考えてよいのでしょうか。

　もう1つ、同じ中学校に通っていて、ある学習塾に通っている中学3年生10名が受けた学力テストの結果と、科目ごとの男女別平均値の棒グラフを**図5.2**に示します。女子は国語、男子は数学が得意なように見えます。この10

	男性	女性
ブラック	65	55
カフェオレ	28	82

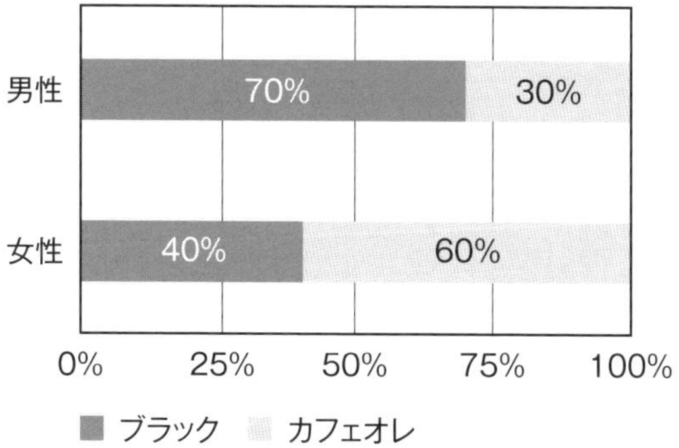

図 5.1　あるコーヒー店での男女別のブラックとカフェオレの売上数と割合

テストの得点

	性別	国語	数学
Aくん	男性	45	82
Bくん	男性	95	91
Cくん	男性	72	70
Dくん	男性	66	69
Eくん	男性	52	86
Fくん	男性	80	95
Gさん	女性	72	45
Hさん	女性	80	70
Iさん	女性	53	53
Jさん	女性	93	88

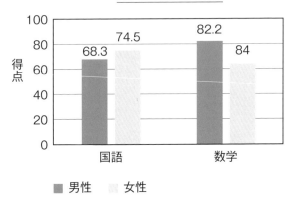

図 5.2　ある学習塾に通っている中学 3 年生 10 名が受けた学力テストの結果

人の結果から、通っている中学校の生徒の学力の傾向は同じであると考えてよいでしょうか。この中学校の他の 10 人の生徒の結果を分析したとき、同じ傾向が見られるのでしょうか。

　評価の対象となる集団全体(母集団)のデータがあるときは、そこから得られた結果がすべてであり、疑う余地はないのですが、サンプリングをした場合、そのサンプル(標本)のデータの分布は母集団に対してばらつきが出てしまうので、サンプルのデータだけで全体を判断することはできません。

　私たちが手にすることができるデータの多くは集団全体(母集団)のデータではなく、サンプル(標本)のデータです。男性と女性でのコーヒーの好みの違いや、科目ごとの男女の得点差の有無といったように、母集団の特徴に関する仮説をサンプルのデータから評価する手法を統計的仮説検定と呼びます。

　以下では、統計的仮説検定について、概要と知っておくべき基本的な事項を解説します。

5.2 帰無仮説と対立仮説の考え方

1つのサイコロを100回振ったら、5の目が30回出たとします。サイコロの目は6個ですので、それぞれの目が均等に出たとしたら、$100 \div 6 = 16.6$であり、5の目が出る回数は16 ～ 17回前後です。では、その倍近く5の目の出るこのサイコロは「まとも」なのでしょうか。それともイカサマがあるのでしょうか。そのサイコロを手にしてチェックができないとしたら、「イカサマがあるかどうか」を確認するのは難しいです。ここで「このサイコロにはイカサマはない」と仮定します。このように、確認したいこと(イカサマがあるかどうか)と逆の事象を事実として据える仮説を帰無仮説と呼びます(図5.3)。一方で、確認したいことは対立仮説と呼びます。そして、「このサイコロにはイカサマはない(=まともである)」にもかかわらず、100回振って30回、5の目が出るという事象が起きる確率(有意確率といいます)を計算します。計算の結果、その事象が起きる確率[1]が0.1％であったとすると、イカサマでないサイコロを100回振って30回、5の目が出るというのは極めてまれなので、このサイコロにはイカサマがある、という判断になるだろうと思います。

このサイコロにイカサマがあるかどうか、直接証明できないとしても、証明

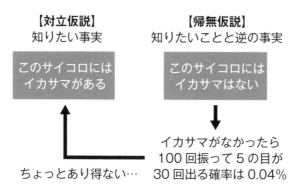

図 5.3　帰無仮説と対立仮説の考え方

---

1)　実際の確率は0.04％です。

したい事象の逆を真実であると仮定して、その確率を求め、その大小から事象（イカサマがあるかどうか）の確からしさを確認することができます。これが統計的仮説検定の基本的な考え方です。その事象が発生する確率から、帰無仮説が正しいと判断することを、帰無仮説を「採択する」、間違えていると判断することを、帰無仮説を「棄却する」と表現します。

　この確率がいくつであれば、帰無仮説を採択あるいは棄却してよいのでしょうか。数学的にきっちりと決められる基準はないのですが、慣例で 5%（0.05）を基準として、発生する確率が 5% 以上であれば「採択」、5% 未満であれば「棄却」としています。この基準を有意水準と呼びます。先ほどのサイコロの例でいえば、「このサイコロにはイカサマはない」という帰無仮説の確率（p 値といいます）が 0.01% だとしたら、5% 未満なので、帰無仮説は棄却されます。「イカサマはない」とはいえないので「イカサマがある」と判断します。

　それではこの帰無仮説を使った統計的検定（以下、検定と呼びます）の考え方で、コーヒー店と学力テストの例について考えていきましょう。

5.3　度数データの検定

　まず、図 5.1 のコーヒー店の例で、男性と女性でブラックとカフェオレの売上数に差があるといえるのかを考えてみましょう。ここでは差があるかどうかを検証するのですが、「男性と女性でブラックとカフェオレの売上数に差がない」と仮定します。これが帰無仮説です。次に差がない確率（p 値）を計算します。人数や個数で表す度数データに対して、複数のグループ間の度数に違いがあるかどうかについて検定を行う（差がない確率を計算する）場合は、カイ二乗検定という方法を使います。ここではカイ二乗検定の原理は説明しませんが、図 5.1 のクロス集計データに対してカイ二乗検定を行うと、度数（男女別の売上数）の分布に差がない確率は 0.005、つまり 0.5% になります。売上数に差がない確率が 0.5% であり、5% を下回っているので、差がないとはいえない、つまり差があると考えてよいということになります。

　もう 1 つの事例です。男女 50 名ずつ（合計 100 名）に、「あなたは自分が理系

男女の科目別平均点

	理系	文系	計
男	31	19	50
女	22	28	50
計	53	47	100

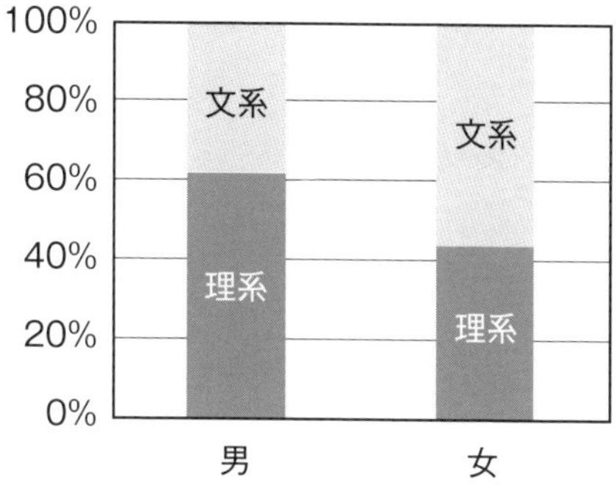

図 5.4　男女別の理系脳・文系脳に関する認識回答結果

脳だと思いますか？　文系脳だと思いますか？」という質問をしたところ、**図5.4 に示す結果が得られたとします**。図 5.4 からは、男性のほうが理系脳と答える割合が大きいように見えます。このデータに対してカイ二乗検定を行うと、男女で選択割合に差がない確率は 0.11、つまり 11％ になります。選択割合に差がない確率（p 値）が 11％ であり、5％ を上回っているので、差がないと考えるべきということになります。

5.4　平均値の検定

　図 5.2 に示した、ある学力テスト（国語と数学）の 10 人分（男性 6 名、女性 4 名）の結果について、科目ごとの平均点に男女で統計的に差があるかどうかを検定してみましょう。

　2 つのグループ（群）に関して、平均点のような数値データに対して検定を行うときは、t 検定という方法を用います。

　帰無仮説は「国語の平均点に男女で差がない」、「数学の平均点に男女で差がない」です。これらの仮説について、t 検定を使って平均点に差がない確率（p 値）を計算すると、それぞれ 0.60、0.09、つまり 60％ と 9％ になります。どちらとも 5％ を上回っているので、どちらの科目も男女で差がない、と判断します。

もう1つ、ある学力テストの18人分の結果を図5.5左に示します。このデータでは生徒の居住地域(東京・埼玉・千葉)の情報が含まれています。地域別の平均得点を棒グラフにしたものを図5.5右に示します。

先の例は、男女という2つの要素(群と呼びます)の平均値の比較でしたが、ここでは東京都、埼玉県、千葉県の3つの地域(3群)の平均値の比較になります。3群以上の数値データに対して検定を行うときは一元配置分散分析という方法を用います。2群の場合は比較する対が1つですが、3群以上の場合は、総当たりの対を比較する必要があります。3群であれば、組合せの数が3つになります。ここでの例では、「東京 vs 埼玉」、「東京 vs 千葉」、「埼玉 vs 千葉」の3つになります。このように、対になった要素について総当たりの比較をすることを多重比較といいます。

表5.1にこの3つの組合せについて多重比較の検定を行った結果を示します。p値を見ると、「東京 vs 埼玉」、「埼玉 vs 千葉」はそれぞれ0.112と0.774、つまり11.2%と77.4%となり、5%より大きくなっていますので、これらの組合せにおいては平均値に統計的な差がないといえます。一方で、「東京 vs 千葉」

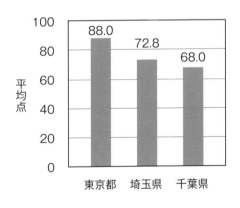

テストの得点

	地区	得点		地区	得点
A	東京	88	J	埼玉	72
B	東京	92	K	埼玉	85
C	東京	98	L	埼玉	71
D	東京	96	M	千葉	85
E	東京	84	N	千葉	45
F	東京	70	O	千葉	68
G	埼玉	74	P	千葉	80
H	埼玉	80	Q	千葉	75
I	埼玉	55	R	千葉	55

図5.5 ある学力テストの結果と地域別の平均得点

表 5.1　地域間の平均点の差とそれぞれの組合せのp値

X	Y	平均値の差(X-Y)	有意確率(p値)
東京	埼玉	15.2	0.112
東京	千葉	20	0.031
埼玉	千葉	4.8	0.774

の組合せでは、p値が 0.031、つまり 3.1％で、5％より小さくなっているので、統計的な差があるといえます。

5.5　どういうときに検定を行うのか

　群間の度数データ(選択数など)や数値データ(平均値など)の違いを評価するときには、必ず検定を行わないとならないのでしょうか。

　答えとしては、目的やデータの中身によって検定が必要かどうか変わってきます。検定は、母集団から取り出したサンプルのデータから母集団の様子を推定する方法なので、評価したい対象(母集団)のすべてのデータがあるのであれば、検定は必要ありません。母集団のデータがなく、サンプルのデータで評価する場合、サンプルサイズが大きくなればなるほど、選択数の分布や平均値の「本当の」値からのずれが小さくなります。例えば、今日サッカーのワールドカップの予選があったとして、日本人の 60％が試合を見る、とします。それを確認するために試合を観戦したかどうかを問うアンケート調査を行ったとき、調査結果と真の値(60％)から 95％の確率でずれる範囲を示したものが図 5.6 になります。サンプルサイズが大きくなればなるほどずれが小さくなることがわかりますが、そのずれは 1 万人と 2 万人ではほとんど変わりません。

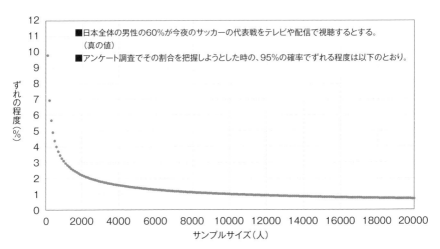

図 5.6 サンプルサイズと推定値のずれの関係

【コラム】統計の用語について

評価対象全体の集団を「母集団」といいます。この集団が母集団からその一部を抽出した集団をサンプル(標本)といいます。サンプルの中に含まれる個体

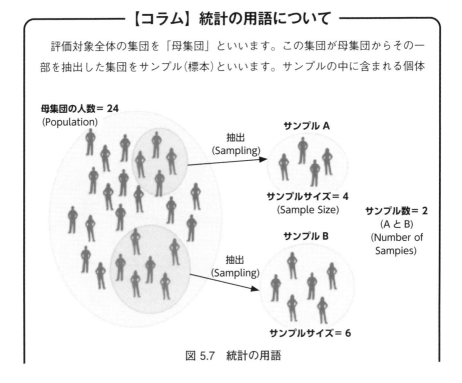

図 5.7 統計の用語

の数をサンプルサイズといいます。もし、母集団から何回かサンプルを抽出している場合、得られたサンプル（の山）の数をサンプル数といいます（図5.7）。サンプルサイズを間違えてサンプル数と呼んでいる場合がありますので、混同しないように注意しましょう。

　統計用語で特に多い誤用は、母集団全体の個体の数やサンプルサイズを「母数」と呼ぶことです。母数は母集団（の人数）でもサンプルサイズでもありません。英語ではパラメータ（parameter）と呼び、平均値、最大値、最小値、中央値、分散など「母集団の特性を表す定数」を示します。もうひとつの定義としては「関数の形状を決める定数」です。例えば、$y=ax^2+bx+c$という関数におけるaおよびb、つまり係数のことを指します。

第6章
データ同士の関連を知る

6.1 「関連」とは

　あなたはイチゴが大好物だとします。同じ大きさのイチゴが10個あって、その中から3つ選んで食べていいよ、と言われたら、どうやって選ぶでしょうか？　多くの人は、なるべく赤いものを選ぶのではないでしょうか。これまでの経験から、「赤いイチゴはおいしい」というふうに、イチゴの色と味の関係を頭に浮かべて判断しているのだと思います。

赤いイチゴ ◀──▶ おいしいイチゴ

　2つの項目の間に何らかの関係がある様子のことを「関連」といいます。私たちが何らかの判断や意思決定をする際には、この「関連」の情報を活用しています。

　私たちは、生活する、あるいは世の中の状況を把握する際には、過去の経験をもとに、さまざまな情報の関連を次々に頭の中で処理をして、判断や意思決定をしています。残念ながら、私たちは森羅万象のすべてを理解しているわけではないので、それらの関連の認識が必ずしもすべて正しいわけではありません。事実だと思っていたことが単なる思い込みであったり、いわゆる「都市伝説」に過ぎなかったり、ということはしばしばあります。その誤った認識がもとで、人生の中で小さな、時として大きな失敗につながることもあります。これがビジネスや政策決定において発生すると、その影響は非常に大きくなります。

6.2　相関分析とは

　データをもとに項目間に本当に関連があるのかを統計的に明らかにする方法
として「相関分析」があります。相関分析では、2 つの項目に関するデータを
もとに、その関連の強さ(相関といいます)を「相関係数」という数値で表すこ
とができます。

　相関係数と相関の度合いを**図 6.1** に示します。相関係数は 1 から − 1 の値を
とります。相関係数がプラスの場合は、どちらかの項目の数値が大きくなると
もう一方も大きくなること(正の相関)、マイナスの場合は、どちらかの項目の
数値が大きくなるともう一方は小さくなること(負の相関)を示します。相関係
数 1 または − 1 に近ければ近いほど相関が強く、0 に近ければ近いほど相関が
ないことを示します。相関係数の絶対値が 0.2 より小さい場合は「相関なし」、
0.2 〜 0.4 のときは「弱い相関あり」、0.4 〜 0.7 のときは「相関あり」、0.7 以上
のときは「強い相関あり」と判断します。

　具体的な例で相関について考えてみましょう。男子高校生の運動能力を考え
たとき、身長・体重・握力の中で、ハンドボール投げの距離と関係がありそう
なのはどれでしょう。背が高いと遠くに投げられそう、がっちりしているほう
が遠くに投げられそう、握力が強くてしっかりボールを支えられるほうが遠く
に投げられそう、など、いろいろなイメージが湧くのではないでしょうか。

　まず、男子高校生のハンドボール投げの距離と、身長・体重・握力のそれぞ
れのデータ[5]をプロットした散布図を**図 6.2** に示します。図 6.2 から、身長・

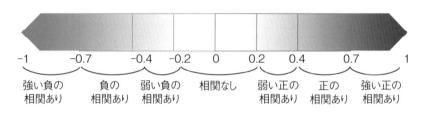

図 6.1　相関係数と相関の度合い

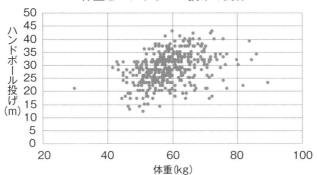

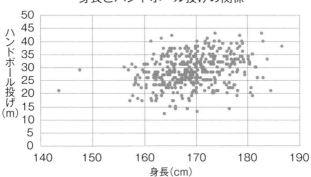

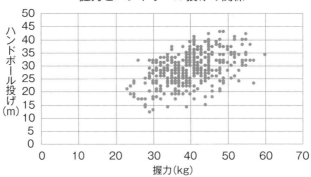

図 6.2　男子高校生のハンドボール投げの距離と身長、体重、握力の関係 [5]

体重・握力のいずれも、その値が大きくなると、ハンドボール投げの距離が長くなるように見えます。特に、握力はその傾向が強いように見えます。

このデータを使って相関分析を行い、得られた相関係数を**表6.1**に示します。ハンドボール投げの距離に対する身長・体重・握力の相関係数は、それぞれ0.28、0.36、0.48です。この結果から、身長・体重は「弱い相関あり」、握力は「相関あり」というふうに判断できます。身長・体重・握力のいずれも、その値が大きくなるとハンドボール投げの距離は長くなり、中でも握力はその傾向

表6.1　男子高校生のハンドボール投げの距離、身長、体重、握力の相関係数

	身長（cm）	体重（kg）	握力（kg）	ハンドボール投げ（m）
身長（cm）	1.00			
体重（kg）	0.50	1.00		
握力（kg）	0.21	0.51	1.00	
ハンドボール投げ（m）	0.28	0.36	0.48	1.00

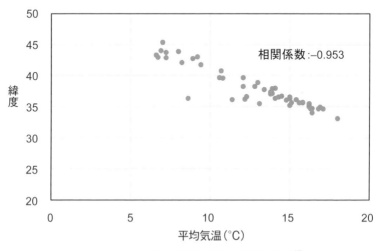

図6.3　日本の都市の平均気温と緯度の関係[6]

が強い（影響が大きい）ということがわかります。

　皆さんの最初の想像と比べてどうだったでしょうか。握力に、より強い相関があることがやや意外だったかもしれません。このように、相関分析を使うことで、2つの項目間の関連の強さを定量的に把握できるようになります。

　ハンドボール投げの距離と、身長・体重・握力の間には、片方が大きくなるともう片方も大きくなる正の相関が見られましたが、片方が大きくなるともう片方は小さくなる負の相関の例として、緯度と気温の関係があります。一般に、緯度が高くなると気温は低くなります。図6.3は全国の都市と平均気温（1991年～2020年の平均値）の関係を示したものです。相関係数は-0.953で、強い負の相関があります。

6.3　疑似相関

　もう1つ例を考えてみましょう。図6.4は2019年の都道府県別の警察官の人数と離婚件数の関係を示したものです。相関係数は0.945で、強い正の相関があります。この結果から、警察官が増えると離婚が増えるのでしょうか？

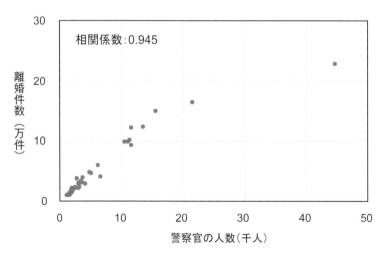

図 6.4　都道府県別の警察官の人数と離婚件数 [7]

離婚件数を減らすためには、警察官を減らせばいいのでしょうか？ これらは、感覚的には解釈が難しいのではないでしょうか。

　ここで、図6.5に2019年の都道府県別の人口と、警察官の人数・離婚件数の関係を示します。相関係数はそれぞれ0.950、0.995で、強い正の相関があります。人口が多ければ、警察官を必要とする業務が増えるので、警察官を多く配備するでしょうし、人口が多ければ、それに比例して離婚件数も多くなることは想像できると思います。このように、一見関係がなさそうに見える2つの項目に対して、両方に影響を与える共通の要因（交絡因子といいます）が存在することで、2つの項目にあたかも関連があるように見えてしまうことを疑似相関といいます。

　疑似相関が疑われる場合は、2つの項目に影響を与えている因子（交絡因子）の影響を取り除いた相関係数である「偏相関係数」というものを求めて、2つの項目間の相関を評価します。図6.6の例では、人口が警察官の人数と離婚件数に与えている影響を取り除いて、警察官の人数と離婚件数の相関を評価することになります。警察官の人数と離婚件数の偏相関係数を求めると、-0.01となります（図6.7）。このことから、警察官の人数と離婚件数の間には相関がな

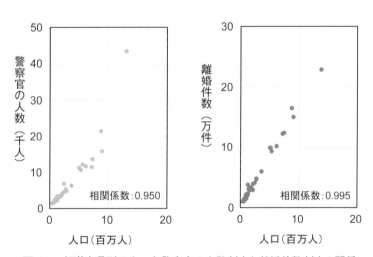

図6.5　都道府県別の人口と警察官の人数（左）と離婚件数（右）の関係

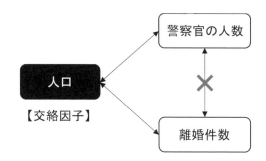

図 6.6　人口の影響による警察官の人数と離婚件数の疑似相関

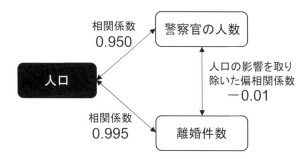

図 6.7　人口の影響を取り除いた警察官の人数と離婚件数の相関係数(偏相関係数)

いことがわかります。

　もし、図 6.4 のグラフを目にしなかったら、そんなことは想像すらしなかったと思いますが、逆に目にすることで事実から離れた認識をしてしまう可能性があります。疑似相関があるという喩えで有名なものに、「アイスクリームが売れると水難事故が増える」、「血圧が高い人は収入が高い」があります。前者は気温が、後者は年齢が背後に潜む交絡因子になります。気温が高くなるとアイスクリームが売れますが、同時に水辺のレジャーに繰り出す人が増えて、水難事故が増えます。日本の賃金体系は年功序列の傾向が強く、年齢が上がると収入が上がりますが、血圧が高い人も増えます。こう言われてみれば、何でもないことですが、グラフとともに最初の情報を受け取ると、鵜呑みにしてしまいがちです。

　思い込みのトラップにハマらないようにデータで関連を評価する姿勢をもつべきですが、一方で、直感はとても重要です。示された関連の情報が「感覚的にヘンだ」と思ったら、疑似相関の疑いをもって現象やデータを確認することをお勧めします。

第7章
影響度を知る

7.1 回帰分析とは

　第6章では、2つの項目の関連を評価する相関分析について紹介しました。男子高校生のハンドボール投げの例では、ハンドボール投げの距離と身長・体重・握力には正の相関があり、中でも握力との相関が最も強いことを示しました。相関は2つの項目間の関連の強さを示す指標ですが、ここでは、握力がボール投げの距離にどれくらい影響を与えているかを考えてみましょう。図7.1に握力とハンドボール投げの距離の関係を示します。ハンドボール投げの距離を y、握力を x、ハンドボール投げに対する握力の影響度を a、その他の影響を b とします。ハンドボール投げの距離と握力が比例すると仮定すると、

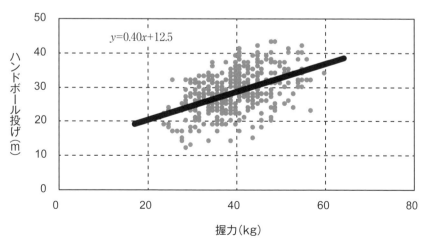

図7.1　男子高校生の握力とハンドボール投げの距離の関係 [5]

以下のような関係になります。

$$ハンドボール投げ(y) = 握力の影響度(a) \times 握力(x)$$
$$+ その他の影響 (b)$$

これを数式で表すと

$$y = ax + b$$

となります。中学校で習った一次方程式と同じ形です。

ハンドボール投げと握力のデータ [5] をもとに、握力の影響度(a)とその他の影響(b)を最小二乗法という方法で推定すると、

$$y = 0.40x + 12.5$$

となります。図 7.1 の直線がこの式を表します。握力の影響度(a)は、握力が1kg 大きくなるとハンドボール投げの距離が 0.4m 長くなることを示します。また、この式の x に握力のデータを代入すれば、ハンドボール投げの距離を推定することができます。例えば握力 40kg の男子生徒のハンドボール投げの距離は、0.40 × 40 + 12.5 = 28.5m になると推定できます。

このように、2 つの項目間が比例関係にあると仮定して、ある項目 x が他の項目 y に与える影響を評価する方法を回帰分析と呼びます。

7.2　重回帰分析とは

前節では、ハンドボール投げの距離に握力が与える影響を回帰分析で評価しました。ハンドボール投げの距離に影響を与えているのは握力だけでなく、他の身体的項目も影響を与えています。ここでは、握力に加えて身長と体重もハンドボール投げの距離に影響を与えていると仮定して(**図 7.2**)、これら 3 つの項目がハンドボール投げの距離に与える影響を評価してみましょう。

ハンドボール投げの距離を y、身長・体重・握力をそれぞれ x_1、x_2、x_3、身長・体重・握力のハンドボール投げに対する影響度をそれぞれ a、b、c、その他の影響を d とします。ハンドボール投げの距離と身長・体重・握力がそれぞれ比例すると仮定すると、以下のような関係になります。

$$\begin{aligned}
\text{ハンドボール投げ}(y) = \ & \text{身長の影響度}(a) \times \text{身長}(x_1) \\
& + \text{体重の影響度}(b) \times \text{体重}(x_2) \\
& + \text{握力の影響度}(c) \times \text{握力}(x_3) \\
& + \text{その他の影響}(d)
\end{aligned}$$

これを式で表すと以下のようになります。

$$y = ax_1 + bx_2 + cx_3 + d$$

ハンドボール投げの距離と握力のデータをもとに身長、体重、握力の影響度 (a、b、c) とその他の影響 (d) を最小二乗法という方法で推定すると、**表7.1** のようになります。

ここで、用語の説明をします。偏回帰係数とは、ここで推定したハンドボール投げに対する身長、体重、握力の影響度である a、b、c のことを指します。標準誤差は、推定した偏回帰係数のばらつきの程度を示します。p 値は、推定

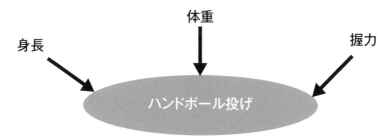

図 7.2 ハンドボール投げの距離の評価モデル

表 7.1 ハンドボール投げの距離の評価モデルの偏回帰係数の推定結果

	偏回帰係数	標準誤差	p 値
a：身長(cm)	0.15	0.05	0.002
b：体重(kg)	0.06	0.04	0.174
c：握力(kg)	0.34	0.04	0.000
d：定数項	-14.25	7.39	0.055

した偏回帰係数が 0 である（ハンドボール投げへの影響がまったくない）という確率を示します。**第 5 章**で紹介したように、この値が 0.05 より小さいと有意である、つまり推定値は 0 ではなく、ハンドボール投げに影響を与えているということになります。

　まず、p 値を見ると、身長と握力は 0.05 より小さく、体重は 0.05 より大きいので、ハンドボール投げの距離に対して、身長と握力は影響があるけれど体重は影響がないということが言えます。次に、偏回帰係数を見ると、身長は 0.15 です。これは、身長が 1cm 高くなると、ハンドボール投げの距離が 0.15m 長くなることを示します。同様に、握力が 1kg 大きくなると、ハンドボール投げの距離が 0.34m 長くなることがわかります。

　このように、複数の項目がある項目と比例関係にあると仮定して、それらの影響度を評価する方法を重回帰分析と呼びます。

7.3　偏回帰係数について

　重回帰分析では、説明変数を複数設定します。例えば身長と体重のように、説明変数同士が互いに影響を与えていることもしばしばですが、偏回帰係数は、お互いの説明変数の影響を取り除いた形で算出されます。つまり、その説明変数が目的変数に対して直接与えている効果を評価することができます。ハンドボール投げの例では、ハンドボール投げの距離と体重の間には正の相関がありましたが（**表 6.1**、相関係数 0.36）、重回帰分析を行った結果、体重の偏回帰係数は有意ではありませんでした（表 7.1 参照）。ここから、体重は身長とも正の相関がありますが（**表 6.1**、相関係数 0.50）、身長と体重の相互の影響が取り除かれた結果、体重は影響がないことが明らかになった、といえます。

　ただ、説明変数間の相関係数があまりにも高いと、相互の影響が排除できず、推定結果全体が不正確になってしまうという問題が起きます（多重共線性といいます）。その場合は、相関の強い変数のどちらかを除外するといった対応が必要になりますが、相関係数が 0.9 を超えていなければ気にしなくても大丈夫です。

7.4　世界のデータを扱うときの工夫

　時代はグローバルです。世界を対象としたデータを使って分析する機会はこれからますます増えてくるだろうと思いますが、その際、かなりの確率で直面する分析上の課題への対処方法を含めて、グローバルデータの分析事例を紹介します。

　気候変動・地球温暖化への対応として、化石燃料由来の二酸化炭素排出量の削減が世界的な課題となっています。図7.3 に示す世界各国の人口、GDP、火力発電量、再生可能エネルギー発電量が二酸化炭素排出量に与える影響を考えた時、どれが影響を与えそうでしょうか。GDP は、国内で新たに生み出されたモノやサービスの付加価値（金額）を示す指標で、経済規模を反映しています。火力発電は、石油・石炭・天然ガスといった化石燃料を燃焼させたときの熱を使って発電する方法です。再生可能エネルギーは、太陽光・風力・波力・地熱など、自然のエネルギーを利用して発電する方法です。

　人が多ければ、経済活動が活発であれば、化石燃料を使えば二酸化炭素は多く排出されそう、とか、再生可能エネルギーを使えば二酸化炭素排出量は減るのでは、など、いくつか思い当たることがあるかと思います。

　2019 年の国別の二酸化炭素排出量と人口、GDP、火力発電量、再生可能エ

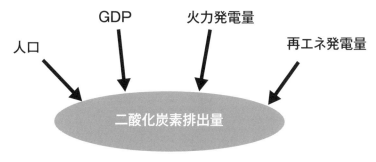

図 7.3　世界の二酸化炭素排出量の評価モデル

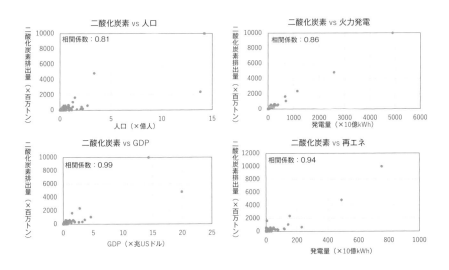

図 7.4 国別の二酸化炭素排出量と人口、GDP、火力発電量、再生可能エネルギー発電量の関係[8]

ネルギー発電量のデータ[8] をそれぞれプロットしたグラフを図7.4 に示します。GDP については、物価変動の要素を除いた実質 GDP を用いています。

それぞれの相関係数は図中にあるとおりですが、いずれも強い正の相関があるという結果になっています。再生可能エネルギー発電量が増えると二酸化炭素排出量も増える結果となっており、イメージと違うと思う人もいるかもしれません。

ところで、プロットの分布(点の位置)に注目してみると、左下に集中していて、右側に大きく外れた点が2つあります(中国とインドです)。図7.5 に分析に使用した国(150 カ国)の人口について 1,000 万人刻みで作成したヒストグラムを示します。このグラフにある 150 カ国のうち、人口1,000 万人以下の国が58 カ国あり、人口5,000 万人以下の国は108 カ国(72%)に達します。一方で、人口10 億人を超える国は2 カ国(中国、インド)だけです。

相関分析では、プロットが集中している範囲から外れた点も考慮した形で相関係数が算出されますが、これらの外れた点の影響を強く受けるという特徴が

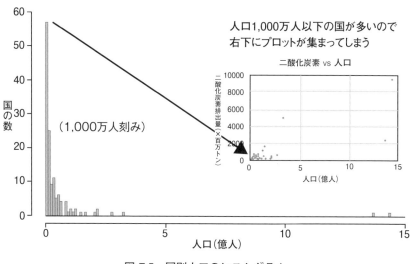

図 7.5　国別人口のヒストグラム

あります。逆にいうと、これらの点が強い影響を与えることで、全体の傾向を正確に表現できなくなるという問題が発生します。

　このように、桁が大きく違うデータについて相関を考えるときには、データの対数をとるという方法がしばしば用いられます。対数というのは、その値が10の何乗かを表す数値です。例えば10であれば$10^1 \rightarrow 1$、100であれば$10^2 \rightarrow 2$になります。グラフにすると、1目盛りが10倍になります。図7.4に示したデータについて、すべて対数をとって再度プロットした結果を図7.6に示します。対数をとったデータを見ると、人口、GDP、火力発電、再生可能エネルギーのいずれも正の相関があることがわかります。感覚とずれているのは、再生可能エネルギーと二酸化炭素との関係でしょうか。再生可能エネルギーは人口やGDPとも正の相関があります。疑似相関のセンスで考えると、人口が多いと、また、経済活動が活発であるとエネルギー自体も多く必要となるので、再生可能エネルギーもたくさん必要になっているのでは、といった考察が思い浮かぶのではないでしょうか。

　このように、桁違いのデータがある場合は、対数をとることで、全体から大

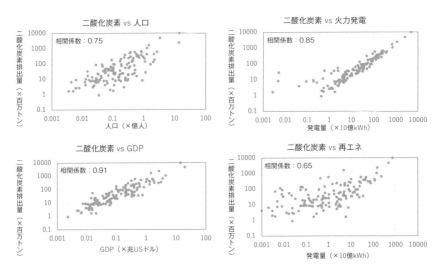

図 7.6　国別の二酸化炭素排出量と人口、GDP、火力発電量、再生可能エネルギー発電量の関係（対数プロット）

きく外れたデータをなくすことができ、より全体を反映した評価ができるようになります。

　それでは、この対数をとったデータを使って、二酸化炭素排出量を目的変数、人口、GDP、火力発電量、再生可能エネルギー発電量を説明変数とした重回帰分析を行ってみます。この重回帰分析の式は以下のようになります。log() は、その値について対数をとっていることを示します。

　　　log(二酸化炭素排出量)

　　　=$a \times$ log(人口)+$b \times$ log(GDP)+$c \times$ log(火力)+$d \times$ log(再エネ)+e

　分析結果は**表 7.2** のようになります。p 値を見ると、再生可能エネルギー以外の説明変数は 0.05 より小さく、統計的に有意です。つまり、人口、GDP、火力発電量は二酸化炭素排出量に影響を与えていることを示しています。偏回帰係数を見ると、人口、GDP、火力発電量はプラスになっています。このことから、二酸化炭素排出量は人口、GDP、火力発電量が増えると増加することがわかります。一方、再生可能エネルギー発電量の p 値は 0.05 より大きく、

表 7.2 世界の二酸化炭素排出量の評価モデル（対数モデル）の
偏回帰係数推定結果

	偏回帰係数	標準誤差	p 値
a：log（人口）	0.20	0.04	0.000
b：log（GDP）	0.53	0.05	0.000
c：log（火力）	0.29	0.02	0.000
d：log（再エネ）	-0.02	0.02	0.469
e：定数項	4.55	0.15	0.000

＜ log を取った場合＞偏回帰係数は、説明変数が1％変化したときに、目的変数が何％変化するかを示す（弾性値という）。

有意ではありません。人口や GDP が再生可能エネルギー発電量に与える影響を取り除いた結果、再生可能エネルギー発電量は二酸化炭素排出量に影響を与えていないということが示されました。再生可能エネルギーは、発電の際には二酸化炭素をほとんど排出しませんが、再生可能エネルギーの利用に伴う環境負荷（発電システムの製造や廃棄時の環境負荷など）により、その効果が相殺されていることなどが推察されます。

　ここでは、データの桁のばらつきがもたらす問題を解消するためにデータについて対数をとりました。対数をとったデータを使った重回帰分析で得られた偏回帰係数は、説明変数が1％変化したときに目的変数が何％変化するかという指標になります（弾性値といいます）。例えば log（人口）の偏回帰係数は 0.20 ですが、これは人口が1％増えたときに二酸化炭素排出量は 0.20％増えることを示します。弾性値は、変化割合で影響を表現する指標なので、結果の解釈がわかりやすくなるという特徴もあります。

7.5　重回帰分析に関するまとめ

　重回帰分析は、ある事象に対して、どの項目が影響を与えているか、どれくらい影響を与えているか、を明らかにすることができます。影響を与えている

程度を示す偏回帰係数は、項目同士の影響を取り除いた形で計算されるので、ある事象に対して、その項目が与える影響をだけを評価することが可能になります。また、偏相関係数を求めたモデル式に各項目の値を代入することで、評価したい対象の予測ができます。このように、物事の状況の把握と予測ができるという特徴があるので、非常によく用いられる分析手法です。

　重回帰分析は、ある項目(原因)が、別の項目にどういう影響を与えるか(結果)を明らかにする手法ですから、モデルをつくる際に、何が原因系(x)で、何が結果系(y)なのか、を明確にしておく必要があります。この原因と結果の関係(因果関係)については**第 8 章**で詳しく考えていきます。

第8章
因果関係を知る

　世の中で起きている事象(結果)には必ず原因があります。この原因と結果の関係性を因果関係と呼びます。何か問題が発生したときは、そこには必ず原因があり、問題解決を図るうえで、原因を明らかにする必要があります。

　2つの項目の間に何らかの関係がある様子のことを相関と呼び、その関連の強さを相関係数で表現できることを**第6章**で紹介しました。「若者が多い街は活気がある」という事象を考えるとき、「街に活気がある」ことと「若者が多いこと」の関連は相関係数からわかりますが、「若者が多いから活気がある」のか、「活気があるから若者が多くなる」のかはわかりません。

　「雨が降ったので濡れた」という事象を考えたとき、「濡れた」原因は「雨が降った」ことなので、因果関係がはっきりしています。このように、時間軸の前後がはっきりしている事象は因果関係が明確ですが、因果関係が直感的にはわからないこともしばしばです。

　ところで、「風が吹けば桶屋が儲かる」というフレーズを聞いたことがあるでしょうか。意外なところに影響が出ること、当てにならない期待をすることを指す喩えです。江戸時代に使われるようになって、落語のネタにもなっているそうなのですが、ストーリーの概要は以下です。

　　① 大風が吹く
→② ゴミが目の中に入る人が大量に発生する
→③ 視力を失う人が増える
→④ 三味線が売れる
→⑤ 猫が減る
→⑥ ネズミが増える

→⑦ 桶がかじられる

→⑧ 桶屋の仕事が増えて儲かる

③、④、⑤のつながりを補足すると、江戸時代、視力を失った人の職業のひとつが三味線弾きであったことと、三味線の材料(ギターでいうところのトップ材)として猫の皮が使われていたという背景があります。

「風が吹けば桶屋が儲かる」のストーリーのリアリティはさておき、世の中の事象は、原因が1つであることは少なく、また、因果関係が重層的になっていることがほとんどです。これらの因果関係の構造化(モデル化)は、主に時間軸に着目して論理的思考のもとで行なっていくことになりますが、予測した因果関係の妥当性を評価するには、また、個々の因果関係の強さを定量的に示すには、データの力が必要になります。

8.1　構造方程式モデリングとは

項目間の因果関係を統計的に明らかにする方法の1つに、構造方程式モデリング(SEM：Structural Equation Modeling)という方法があります。SEMでは、仮説をもとに評価したい項目間の因果関係モデルを自分で設定し、評価項目のデータをもとにそのモデルの確からしさを評価します。仮説をもとにモデルを自分で設定することになりますので、仮説が違えば設定するモデルも違ってきます。世の中の事象は複雑ですので、それを完璧に表現することは困難ですが、その事象をなるべく忠実に表現できるモデルを構築していくというアプローチ、正解がない中でもっともらしいモデルを探すことになります。

SEMの具体的な手順は、以下のようになります。

① 仮説をもとにモデルをつくる

② 原因系が結果系に与える影響度(パス係数)を推定する

③ モデルの確からしさを表現する適合度指標を確認する

④ 適合度指標を確認しながらモデルを改善する

⑤ 適合度指標が基準を満たすまで繰り返しモデルを改善する

作成したモデルにおけるパス係数の推定と適合度指標の計算は、ソフトウェ

表 8.1　SEM の適合度指標とその基準[9]

望ましい方向は	指標	「非常に良好」の範囲	「悪い」の範囲
小さいほうがよい	RMSEA	0.05 未満	0.1 以上
	SRMR	0.05 未満	0.1 以上
	カイ二乗	p 値で判断	p 値で判断
	AIC	相対的比較	相対的比較
大きいほうがよい	CFI	0.95 以上	0.9 未満
	GFI	0.95 以上	0.9 未満
	AGFI	0.95 以上	0.9 未満
	NFI	0.95 以上	0.9 未満

アが実行してくれます(IBM SPSS Amos というソフトが一般的です)。

　モデルの確からしさを評価する適合度指標は数多くありますが、代表的なものに CFI、GFI、RMSEA というものがあります。これらの指標の満たすべき基準について表 8.1 に示します。この基準を満たすようにモデルを改善していくという形になります。

8.2　モデルの作成方法

　各項目の因果関係の仮説をもとにモデルを作成します(図 8.1)。モデルの作成方法のルールとしては以下の3つになります。

①　原因系から結果系に矢印を引く

②　各項目の観測データを四角で囲む

③　結果系には誤差の項目をつけ、丸で囲み、結果系の項目へ矢印を引く

この矢印のことを「パス(Path：経路)」といいます。「誤差」は、想定した

図 8.1　モデルの作成方法

原因系以外で、結果に影響を与えている他の要因を包括した指標（＝その他も
ろもろ）になります。

　ここで、ノート PC の使用感の評価を例に、SEM のモデル作成の手順を説
明します。あるノート PC について、「小型軽量である」、「入力しやすい」、「持
ち運びしやすい」の 3 つの項目の印象と「総合満足度」の合わせて 4 つの項目
について、200 人が図 8.2 に示すアンケート票にて評価をしたとします。これ
らの評価は、満足・やや満足・どちらでもない・やや不満・不満の 5 段階で行
い、その評価結果を 5 点〜 1 点に得点化したものを分析データとします。なお、
本章は、小島ら（2005）[10] を参考にモデルならびにデータを作成しています。

　ここでは、「小型軽量であること」、「入力しやすいこと」、「持ち運びしやす
いこと」が「総合満足度」に影響を与えているという仮説を立て、「総合満足
度」を結果系、「小型軽量であること」、「入力しやすいこと」、「持ち運びしや
すいこと」を原因系としてモデルを作成します（図 8.3）。

　ここで、a、b、c はそれぞれ「入力しやすいこと」、「小型軽量であること」、
「持ち運びしやすいこと」が「総合満足度」に与える影響度を表す指標（パス係
数）とします。パス係数の絶対値が大きければ大きいほど強い影響を与えてお
り、パス係数がプラスであれば正の影響、マイナスであれば負の影響を与えて
いることを示します。例えば、a がプラスであると、入力しやすくなれば総合
満足度が上がることを示します。また、b がマイナスであると、小型化・軽量

図 8.2　ノート PC の評価アンケート票

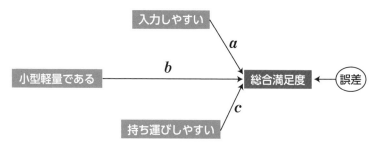

図 8.3 ノート PC の評価モデル（その 1）

化すると総合満足度が下がることを示します。

　このモデルについて、パス係数と適合度指標を計算した結果を**図 8.4** に示します。パス係数は－1 〜 ＋1 の値をとるので、モデル図の中で示すときは、見やすくするために整数の桁の表示を省略するのが慣例です。

　まず、パス係数の推定値（図 8.4 の下の表）を見ます。一番右側に p 値が示されていますが、これは重回帰分析と同様に、0.05 より小さいとその項目が結果系に影響を与えていることを示します。「入力しやすさ」と「持ち運びしやすさ」の p 値は 0.05 より小さいので、この 2 つの項目は「総合満足度」に影響を与えていて、「小型軽量である」ことは「総合満足度」に影響を与えていないことがわかります。

　次にパス係数を見ると、「入力しやすいこと」、「持ち運びしやすいこと」は有意にプラスなので、操作しやすく、持ち運びしやすいと総合満足度が高くなることがわかります。「小型軽量」であることのパス係数もプラスですが、有意ではないので、総合満足度にプラスの影響を与えているかどうかは判断できません。

　ところで、適合度指標のうち、CFI、GFI は 0.95 より高いと、RMSEA は 0.05 未満であるとモデルは確からしいと判断しますが（表 8.1 参照）、中段の適合度指標の結果を見ると、いずれも基準を満たしていません。つまり、このモデルはノート PC の総合満足度の評価構造を表現するモデルとして適切ではない、ということになります。

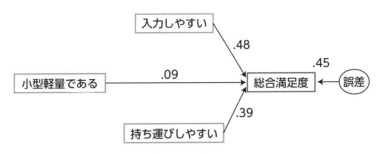

モデル図では整数の桁を省略するのが慣例。

指標	結果	基準	判定
CFI	0.235	0.95 以上	×
GFI	0.702	0.95 以上	×
RMSEA	0.606	0.05 未満	×

			パス係数推定値	標準誤差	p 値
総合満足度	←	入力しやすい	0.48	0.06	0.000
総合満足度	←	小型軽量である	0.09	0.07	0.132
総合満足度	←	持ち運びしやすい	0.39	0.07	0.000

図 8.4 ノート PC の評価モデル（その 1）の分析結果

8.3 モデルの改善

　現在のモデルの評価ができたので、次にモデルの改善を行っていきます。小型軽量になると持ち運びしやすくなる一方で、（本体が小さくなるので）入力しにくくなることが予想されます。そこで「小型軽量であること」を原因系、「入力しやすいこと」、「持ち運びしやすいこと」をその結果系として矢印（パス）を追加したモデルを設定します。このモデルについて、パス係数と適合度指標を計算した結果を図 8.5 に示します。

　まず、改善したモデルの確からしさを評価するために、適合度指標を見ます。3 つの指標はいずれも基準を満たしており、改善したモデルはノート PC の総

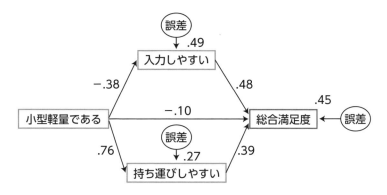

指標	結果	基準	判定
CFI	0.999	0.95 以上	○
GFI	0.996	0.95 以上	○
RMSEA	0.045	0.05 未満	○

			パス係数推定値	標準誤差	p 値
入力しやすい	←	小型軽量である	−0.38	0.06	0.000
持ち運びしやすい	←	小型軽量である	0.76	0.04	0.000
総合満足度	←	入力しやすい	0.48	0.07	0.000
総合満足度	←	小型軽量である	−0.10	0.09	0.360
総合満足度	←	持ち運びしやすい	0.39	0.09	0.000

図 8.5 ノート PC の評価モデル(その 2)の分析結果

合満足度の評価構造を表現するモデルとして適切であることが確認できました。

次にパス係数の p 値を見ると、「小型軽量であること」→「総合満足度」の
パス係数を除いて有意となっています。「小型軽量であること」→「総合満足
度」のパス係数が有意ではないということは、「小型軽量であること」は、「総
合満足度」に直接の影響を与えているとはいえないということになります。

また、新たに追加したパスは有意になっています。「小型軽量であること」
は「入力しやすさ」にマイナスの影響、「持ち運びのしやすさ」にプラスの影

響を与えています。モデル全体で考えると、次のことがわかります。

- 「小型軽量であること」は「入力しやすさ」にマイナスの影響を与えているが、「入力しやすさ」自体は「総合満足度」にプラスの影響を与えている。
- 「小型軽量であること」は「持ち運びしやすさ」にプラスの影響を与えており、「持ち運びしやすさ」は「総合満足度」にプラスの影響を与えている。
- 「小型軽量であること」は、「総合満足度」に直接の影響を与えていないが、「持ち運びしやすさ」に貢献をすることで間接的に「総合満足度」にプラスの影響を与えている。一方で、「小型軽量であること」で「入力しやすさ」にマイナスの影響を与えて、間接的に「総合満足度」にマイナスの影響を与えている。

8.4　システム全体で「小型軽量であること」の効果を考える

では、全体として、「小型軽量であること」は「総合満足度」にプラスとマイナスのどちらの影響を与えているのでしょうか。

「小型軽量であること」が「持ち運びしやすさ」と「入力しやすさ」を経由して間接的に「総合満足度」に与えている影響（間接効果）は、それぞれのルートのパス係数を掛け合わせることで計算ができます。まず、「小型軽量であること」の「持ち運びしやすさ」を経由した「総合満足度」への間接効果は、$0.76 \times 0.39 = 0.30$ となります。次に、「入力しやすさ」を経由した「総合満足度」への間接効果は、$-0.38 \times 0.48 = -0.18$ となります。この 2 つを足すと、$0.30 + (-0.18) = 0.12$ となります。つまり、「小型軽量であること」が「総合満足度」に与える間接効果は 0.12 とプラスになります。この結果から、「小型軽量であること」は「操作しやすさ」に悪影響を与えますが、全体としては「総合満足度」に貢献していることがわかります（**図 8.6**）。

総合満足度に対する各項目の直接効果と間接効果を合算した総合効果を**表 8.2** に示します。「小型軽量である」ことの直接効果のパス係数（-0.10）は有意ではありませんでしたので、実際には間接効果だけが数値として意味をもちます。

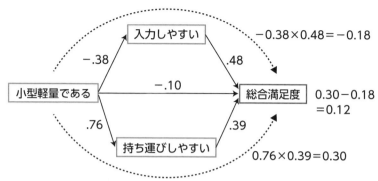

直接効果

	小型軽量である	入力しやすい	持ち運びしやすい
入力しやすい	−0.38	0.00	0.00
持ち運びしやすい	0.76	0.00	0.00
総合満足度	−0.10	0.48	0.39

間接効果

	小型軽量である	入力しやすい	持ち運びしやすい
入力しやすい	0.00	0.00	0.00
持ち運びしやすい	0.00	0.00	0.00
総合満足度	0.12	0.00	0.00

図 8.6 ノート PC の評価モデル(その 2)の直接効果と間接効果

表 8.2 ノート PC の評価モデル(その 2)の総合効果

	小型軽量である	入力しやすい	持ち運びしやすい
直接効果	−0.10	0.48	0.39
間接効果	0.12	−	−
総合効果	0.02	0.48	0.39

　このように、SEM を使って分析すると、原因系同士が与えている影響や、1
つの原因が全体に与える影響を定量的に把握することが可能になり、検討対象
をシステム全体として評価するうえで有用な情報が得られます。

　ビジネスへの応用例としては、今回扱ったノート PC であれば、例えば大きさの違う試作品をいくつか用意し、同じ調査を行うことで、どこまで小さくしてしまうとトータルで総合満足度に悪影響を与えるか、ということも把握できるので、その情報をもとに適切なサイズ設計をすることが可能になります。

8.5　因果関係を活用した根本的な問題解決（システムズ・アプローチ）

　問題解決を図るうえでは因果関係を明らかにすることが重要ですが、何か問題があったとして、その原因や、原因の原因を調べて、それに対処したとします。起きている問題が 1 つだけであればこれで対処できるのですが、複数の問題が同時に起きていることも多いかと思います。

　そういう状態に陥っているときに、1 つの問題を解決できたとしても、他の問題が解決せず、また新たな問題が発生することがあります。いわば「モグラ叩き」のような対応になり、いつまで経っても終わりが見えない、ということが起きがちです（図 8.7）。

　例えば、インフルエンザ罹患時の例を考えてみます。インフルエンザに罹患すると、熱、喉の痛み、寒気、関節の痛み、食欲減退などの症状が同時に発生します。それらの症状にそれぞれ対応するために、個別の対策を行っても、例えば解熱剤を飲めば一時的に熱は下がりますが、そのまま普通の生活をしていると、解熱剤が切れたらまたもとに戻ってしまいますし、よりいっそう食欲が減退してしまうかもしれません。

　これらの症状の因果関係を生理学的な要因とともに整理したものが図 8.8 になります。さまざまな症状はいくつかの要因と因果関係がありますが、すべての症状の根本原因は、インフルエンザに罹患したことにあり、すべての症状を改善するためにはインフルエンザにかかっているという状況を解決する必要があります。そのためには、対症療法に力を注ぐのではなく、インフルエンザからイチ早く逃れる対策を打つべきなのです。具体的には、あらゆる予定や行動

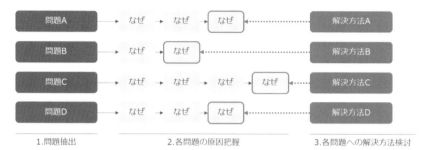

出典）　Being Consulting：「TOC の思考プロセスを利用した問題解決手法を紹介！」、2022 年 9 月 5 日閲覧
https://toc-consulting.jp/toc/thinkingprocess/

図 8.7　対症療法的問題解決アプローチ [11]

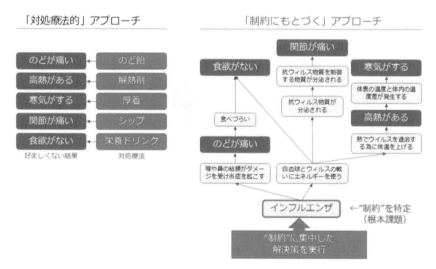

出典）　Being Consulting：「TOC の思考プロセスを利用した問題解決手法を紹介！」、2022 年 9 月 5 日閲覧
https://toc-consulting.jp/toc/thinkingprocess/

図 8.8　インフルエンザ罹患による諸症状の因果関係 [11]

を止めて、「水分を十分にとって寝ること」に注力すべきです。実際にはそれができないため対症療法に走ってしまいがちですが、図 8.8 左のような因果関

係が整理できれば、インフルエンザからイチ早く逃れることを最優先するという意思決定ができ、結果として、身体的にも生活的にもダメージを最小限にできるのです。

　このように、個別の問題に対応する(部分最適化)のではなく、問題の全体像(システム)を、因果関係をもとに明確にして、システム全体から見て最適な対応をする(全体最適化)する方法は、システムズ・アプローチと呼ばれます。問題解決を図るうえでは、発生している問題をシステムとしてとらえ、全体最適化を図るアプローチが重要になります。

【コラム】制約条件の理論

　問題解決にあたり、システム全体を見たうえで全体最適化を図るというシステムズ・アプローチの礎となったのは「制約条件の理論(TOC：Theory of Constraints)」といわれています。TOC はイスラエルの物理学者で作家でもあるエリヤフ・ゴールドラット氏が提唱した、企業全体の業績改善を図るためのマネジメント手法です。その基本的な考え方は、どんなシステムであれ、常に、ごく少数(たぶん唯一)の要素または因子によって、そのパフォーマンスが制限されており、そのパフォーマンスを制限している唯一の要素・因子を制約条件と呼び、この制約にフォーカスして問題解決を行えば、小さな変化と小さな努力で、短時間のうちに、著しい成果が得られるというものです。つまり、唯一の要素・因子の制約(＝根本原因)がシステム全体のパフォーマンスに影響を与えているので、それに集中して対処することで、システム全体のパフォーマンスが向上するという考え方です。この根本原因を見つけるためには、システム全体の因果関係を明らかにすることが必要になります。

第9章
データの収集と整備

9.1　情報のデータ化の歴史

　第1章で述べたとおり、私たちの周りにはさまざまな情報が存在し、記録されなければその情報はなかったことと同じであり、それが何らかの形で記録されるとデータになります。

　文字が使われるようになる前は、洞窟の壁画のように絵で記録したり、言葉（音声）で語り継いだりすることで情報を伝達していました。紀元前3000年ごろに文字が発明されてからは、情報を文字で記録することが可能になりました。紀元前2世紀ごろに紙が発明されてからは、紙に文字や図で情報を記録することで、情報の記録（データ化）が容易にできるようになりました。その後、紙に情報を記録する時代が長く続きましたが、19世紀に入りカメラによる画像の保存、蓄音機による音声の録音、19世紀後半には動画の撮影・保存が可能になりました。当時は、情報（文字、波形、画像）を媒体（紙、金属、樹脂など）にそのまま保存するアナログ方式でした。

　そして、文字データをデジタルデータ（情報を1と0の信号で表現する）に変換するという試みは、19世紀後半から行われてきました。スタートは、キーボードを使って、紙の記録紙（パンチカード）に穴を開け、そのパターンをもとに指定した文字を出力（印刷）という仕組みです。映画などで観たことがあるかもしれません。これによりデータをより効率的に保存・再利用できるようになりましたが、データの修正が難しい、情報の記録密度が低い（大量のパンチカードが必要）という問題がありました。

　1950年代に磁気テープが発明されてから、大量のデータを記録・保存する

　ことが可能になりました。同時に、文字だけでなくさまざまなアナログデータをデジタルデータに変換する技術も発達し、その後、さまざまな磁気ディスクやハードディスクが開発され、デジタルによるデータの収集・蓄積が飛躍的に進むようになります。

　1980 年代にはインターネットが実用化され、1990 年代にパソコンの汎用化が進んだことと合わせてインターネットは急速に普及します。その結果、インターネット経由での爆発的なデータの交換と蓄積が進みます。2007 年に Apple 社から iPhone が発売されたことで、携帯電話からスマートフォンへの移行が進みました。スマートフォンの普及に伴い、いつでもどこでもだれもがデータの収集と発信が可能になり、それらのデータが現在の私たちの生活を支えています。

　インターネットの発展の歩みに合わせて、データを無線で送受信する技術が発達してきました。それまでは、センサーで得られたデータはその場で保存するか、ケーブルをつないで送受信する必要がありました。無線技術が発達したことで、センサーで得られたデータは、無線 LAN、携帯通信網・衛星通信を使ってあらゆる場所からリアルタイムで送受信できるようになりました。この仕組みは、すべてのモノがインターネットにつながっている様子を指して、IoT（Internet of Things）と呼ばれます。

9.2　データの収集方法

　データの収集方法として、すでに存在するデータを参照する方法と、自らデータを取得する方法があります。

(1)　統計データ

　政府・自治体や各種機関は、人口、経済などのさまざまな調査結果を統計（集団の性質・傾向を数量的に表すこと）として整理しています。これを統計データと呼びます。政府・自治体の統計データは、e-stat（政府統計の総合窓口）[7]にて公開されています。その多くは、性別や年齢層、居住地などによる

集計データになっています。集団の性質・傾向を数量的に表すという「統計」
の目的には沿っていますが、世帯や事業所レベルでの分析を行うことには不向
きです。しかし、2019 年より学術研究を対象として、世帯や事業所レベルの
個票データ（ミクロデータ）の利用が可能になっています。ミクロデータの利用
にあたっては、申請書をもとにした審査があります。

(2)　オープンデータ

　政府・自治体が作成した統計データは基本的に公開されていますが、その
データ形式の大部分が、印刷を前提として作成された Excel ファイルであっ
たり、それを PDF 形式に出力したものであったりと、それらのデータを加工
して分析する用途（二次利用）にはまったく向いていません。コンピュータが
すぐに読み込めて、手間をかけず二次利用できる形に加工されたデータを
「オープンデータ」と呼びます。政府・自治体には、オープンデータとして統
計データを提供し、それをユーザー（企業、教育機関、市民）が容易に二次利用
できるようにすることで、社会経済全体の発展や生活の質の向上に貢献するこ
とが期待されています。

　日本のオープンデータは「自治体オープンデータ」[12]にて提供されています。
現時点では登録されているデータはそれほど多くありませんが、2021 年にデ
ジタル庁が設立されたこともあり、今後、データの整備・登録が進むものと考
えられます。

(3)　アンケート調査データ

　個人や組織に対して調査票への回答を依頼し（アンケート調査）、得られた回
答データのことを指します。

　従来は、紙の調査票を使った郵送や対面による調査が一般的でしたが、イン
ターネットの普及に伴い、オンラインアンケート（ネットリサーチ）が主流にな
りました。

　オンラインアンケートが主流になった背景として、個人情報保護法の改正に

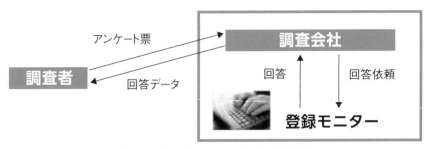

図 9.1 オンラインアンケートの仕組み

より、住民基本台帳を使った回答者のランダムサンプリングが事実上できなくなったことが挙げられます。また、オンラインアンケートには、電子メールでの依頼が可能であること、Web 画面上で回答する形式なので、文字や写真だけでなく動画も扱えること、回答内容に応じた質問の制御ができる、無効回答をなくせる、集計の手間がいらない、といった多くのメリットがあり、急速に普及しました。

　オンラインアンケートの方法としては、分析者自身が Web 上にアンケート回答フォームを作り、オープンに回答を募ることもできますが、十分な回答数を集めたい、幅広い属性の人あるいは特定の属性をもつ人だけの回答が欲しいといった場合は、主にオンラインアンケートの調査会社を通じて契約モニターへの回答を依頼する方式がとられます（図 9.1）。

(4) Web スクレイピング

　インターネット上にはさまざまな情報が存在します。Web ページのデータや SNS のテキストデータは、手動でコピー＆ペースト（コピペ）すれば入手することができます。あるページの情報だけ入手できればよいなら、手動のコピペで対応できますが、データが複数のページにまたがっている場合、手動で収集するのは大変な手間がかかります。また、リアルタイムで更新されているデータを収集したい場合、手動では困難です。

　Web ページは HTML という言語で作成されていますが、Web ページの

HTMLタグや構文を参照し、その規則性を解析して、必要なデータを抽出する方法をWebスクレイピングといいます。ツールやプログラムを使ってWebスクレイピングを自動化することで、データ収集にかかる手間・時間は大幅に削減することができます。

　Webスクレイピングを行うためにはプログラミングのスキルが必要になりますが、専用のツールやサービスもWeb上で数多く提供されています。

　Webスクレイピングを行ううえでの注意点ですが、まず、Web上の情報の多くは著作権法で保護されていますので、取り出した生データの扱いには十分な注意が必要です。私的利用と、統計処理を施したうえでの利用はOKであることが多いですが、生データのビジネス利用、再配布・改変は基本的に認められていません。利用にあたっては、そのWebサイトの利用ポリシーを十分に確認しましょう。

　また、Webスクレイピングは頻繁にそのWebページにアクセスすることになり、そのWebサイトのサーバーに負荷がかかるため、スクレイピングそのものを禁止している場合があります。こちらも、そのWebサイトの利用ポリシーを十分に確認しましょう。また、特にWebスクレイピングに関する記載がない場合であっても、過度なアクセスは慎みましょう。

(5)　Web API

　Webスクレイピングによるデータ収集は手間がかかりますし、Webページ提供側から見ると、前項で述べた著作権の問題やアクセス負荷が発生します。そこで、Web APIという仕組みを使って、公開しているデータやサービスを公式に提供するサイトが増えています。

　API（Application Programming Interface）とは、あるプログラムAの機能を別のプログラムBで利用できるようにやりとりをするための仕組みのことです。Web APIは、このやりとりをインターネットでの標準的な通信方法であるHTTP/HTTPS方式で行います。

　例えば、ある商品のトレンド解析のために、Twitterのツイートについて、

その商品に関するキーワードやハッシュタグをもとにツイートを絞り込んで、そのテキストデータを回収したい場合、Twitter API という Web API を利用することで、自動的に必要な情報(テキストデータ、投稿日時、アカウント名など)を収集することができます。

また、Web ページに Google マップが掲載されているのをよく目にすると思います。これは Google が、Web サイト上に Google Maps の機能を埋め込む「Google Maps API」という Web API を提供していて、それを利用することで、閲覧している Web ページ上で Google Maps が提供するサービスを利用できるようにしています。

Web API を公開して、データや外部サービスとの連携を容易にすることで、新たな価値が生まれ、サービスやビジネスが発展することが期待できます。このように、API を活用してサービスやビジネスを発展させる枠組みは「APIエコノミー」と呼ばれています。

(6) Web ページにおける情報収集

Web 上でさまざまなサービスが提供されるようになりましたが、そのサービスの利用申請する際には、Web ページ上で個人情報の入力が求められます。例えばネットショッピングをするためには、ネットショッピング事業者のサイトに登録をします。その際、最低限でも、氏名、住所、年齢、性別、連絡先(電話番号、メールアドレス)を登録します。クレジットカードでの決済を希望する場合はその情報も登録することになります。そのうえで、ネット上で顧客が商品を購入すると、事業者は、誰が、何を、いつ、どれくらい買ったか・利用したか、という情報を収集することができます。ネットショッピング事業者は、これらの情報をもとに、個人向けにカスタマイズされたマーケティングが可能になります。

(7) IoT を活用したデータ収集

センサーで得られたデータは、無線技術を使ってあらゆる場所からリアルタ

イムで送受信できるようになりました。温度、圧力、距離、速度、座標といっ
た連続的な物理データから、スイッチのオン／オフ、物体の有無といった状態
データ、画像・動画・音声などのメディアデータまで、センサーで拾えるデー
タは、データとして蓄積することが可能になりました。これらのデータを使っ
て、機械や設備の監視・制御・保守の自動化、最適化、省力化が可能になりま
す。

9.3　データの整理・加工

　前節で述べたとおり、データはさまざまなところから収集することができま
すが、それらのデータ項目や形式はまちまちです。コンピュータを使ってデー
タを分析するうえでは、これらの収集したデータについて、第2章で述べた
ようにデータ項目や形式を整理・統一する必要があります。データをコンピ
ュータで分析可能な状態にする作業はデータクレンジングと呼ばれています。
ここではその手順を紹介します。

(1)　エンコーディングルールの統一
　コンピュータでは、2進法で文字にコード(1と0の組合せ)を割り当て、そ
のコードに基づいて文字を表示させます。このコードを文字コードといいます
が、それを割り当てる方式(エンコーディングルール)は複数存在しています。
データによって使われているエンコーディングルールが違っていることがあり、
入手した複数のデータについて、文字コードを変換して、1つのエンコーディ
ングルールに統一する必要があります。日本では主に Windows 系システムで
使われている Shift_JIS という形式が広く使われていますが、世界的には
Unicode という形式が一般的です。入手したデータに複数のエンコーディング
ルールが使われているときは、Unicode に統一することを推奨します。

(2)　データ形式の統一
　データの提供形式として、Microsoft Excel 形式、カンマやタブやスペース

でデータが区切られている CSV 形式、専用のデータベース形式（Microsoft Access や SQL など）などがあります。これらについても、いずれかの形式に統一する必要があります。最終的に専用のデータベース形式で運用するにしても、データクレンジングの段階では CSV 形式で統一するほうが加工しやすいと思います。

(3)　項目名の統一

　同じ対象を示しているのに、データによって違う表現をしている場合があります。例えば国名であれば、「日本」を「日本国」、「Japan」と表現している場合です。また、ビルマがミャンマーになったように、国名が変わる場合も多々あります。その他、会社名が「株式会社 X」や「㈱ X」であったり、電話番号にハイフンが入っていたりいなかったり、重さや長さの単位が違う場合など、さまざまなばらつき（不一致パターンと呼びます）があります。複数のデータを統合する際には、これらの表記を統一する必要があります。

　不一致パターンの統一は多くの場合は手動で行うことになり、大変な時間と労力が必要になります。

(4)　正規化

　ここまでの作業ができたところで、データを 1 つの形式の中に落とし込んでデータベースをつくります。データベースの形式にもいくつかありますが、**図9.2** のような表形式（テーブル）が一般的です。1 行目に項目名があり、列には項目ごとのデータが並びます。これをフィールドと呼びます。行方向には顧客、都道府県などの評価主体ごとの各項目のデータが収められています。これをレコードと呼びます。評価主体は、その主体に固有の名称や ID によって管理します。この名称や ID のことをメインキーと呼びます。

　このとき、メインキーは主体ごとに 1 つだけとします。重複があってはいけません。例えば、メインキーが都道府県の名前であれば重複は起こりませんが、顧客情報の場合、同姓同名は珍しくないので、氏名ではなく、会員番号など重

メインキー　　　　　　フィールド

会員番号	最終ログイン	滞在時間(分)	性別	年齢	都道府県コード	アイテム購入数
103220089	2018/11/13 17:03:47	104	女性	35	45	5
102028411	2018/11/13 17:04:11	132	女性	39	13	2
102715336	2018/11/13 17:04:24	132	男性	40	14	3
103135834	2018/11/13 17:04:27	52	女性	47	13	5
102687274	2018/11/13 17:04:32	316	男性	66	13	3
102689609	2018/11/13 17:05:16	223	男性	59	26	3
102849544	2018/11/13 17:05:39	283	女性	75	23	1
101935839	2018/11/13 17:05:49	136	女性	49	14	3
103230533	2018/11/13 17:06:11	73	男性	28	12	1

レコード

図 9.2　テーブルの構造

複が起こらない項目を作成して割り当て、それをメインキーにします。大学の学生管理システムであれば学籍番号が使われます。

　集めてきたデータについて、このメインキーを軸にして1行に1つのレコード、項目の重複のないフィールドデータを整備してテーブルを作成します。これが、本項のタイトルである正規化と呼ばれる作業です。

　また、データの中には、メインキー以外の項目(フィールド)に内容的な重複がある場合があります。例えば商品名と商品コードが両方記載されている場合です。この場合は、どちらかをメインのテーブルのフィールドに登録し、商品コードと商品名を紐づけるサブのテーブルを別途作成しておきます。商品名の変更や、商品の追加・削除があった場合は、このサブのテーブルを変更し、そのデータを参照して、メインのテーブルを更新する形にします。

9.4　データの整理と加工の難しさ

　データの整理と加工は、料理に例えると食材の下ごしらえです。食材の皮を

剥く・切る・下味をつけるといった処理は、それぞれ違う食材に適切な方法で一つひとつ行う必要があり、自動的にまとめてできないので、手間と時間がかかります。データの整理と加工も、集めてきたデータによって形式や内容が違い、またその違いのパターンがばらばらなので、手動での対応にならざるを得ません。インターネットの普及によって、多様で大量のデータが入手できるようになりましたが、それに比例して、入手したデータを分析可能な状態にするための手間と時間がかかるようになりました。「データサイエンスの手間と時間の 8 割はデータの整理と加工にかかる」といわれるゆえんです。データの整理と加工は、データ活用のボトルネックになりますので、データをコンピュータがすぐに読み込めて、手間をかけず二次利用できる形で提供する、というオープンデータの考え方は今後ますます重要になってきます。

【コラム】QR コードによる電子決済を勧めたがるワケ

　今日、○○ペイと呼ばれる QR コードによる電子決済のプロモーションがさかんです。消費者から見ると、スマホで QR コードをかざすだけで支払いがで

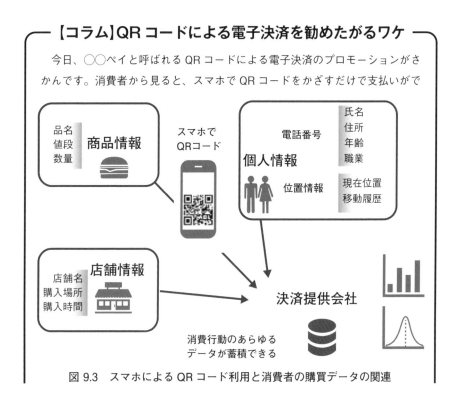

図 9.3　スマホによる QR コード利用と消費者の購買データの関連

きるという手軽さが目に見えるメリットです。

　一方、事業者から見ると、決済情報とともにスマートフォンの所有者の個人情報とGPS（全地球測位システム）を使った位置情報、商品の購買情報（品名・値段・数量）、店舗情報（店名・場所・時間）が紐づいた情報の入手が可能であり、実店舗での購買であっても、消費行動におけるあらゆるデータを蓄積できるようになります。この情報を使うことで、個人にカスタマイズした商品のプロモーションやサービスの提供が可能になり、より精度の高いマーケティングを実現できます（**図9.3**）。

　こういうメリットがあるので、事業者はQRコードによる電子決済を強くお勧めしてきます。

第10章
AI・機械学習とは

10.1　AI・機械学習の定義

　ICT の発達により、データの取得・保存が容易になり、大量のデータ(いわゆるビッグデータ)が利用可能になりました。また、コンピュータ(計算機)の演算能力が飛躍的に向上し、分析手法も学術的に発展したことで、大量のデータから項目(変数)間に存在する法則を抽出できる、いわゆる機械学習と呼ばれる手法が開発されました。大量のデータと大量の変数を使って、機械学習を実行することで、過去の経験や予想を超えた法則が見つけられるようなりました。その結果を活用して、私たちの生活を便利で快適なものにする製品・サービスが提供されるようになりました。

　ところで、世間一般では AI という言葉をよく耳にし、機械学習という言葉はあまり馴染みがないかと思います。本節では、AI と機械学習の関係性について整理します。

　図 10.1 に AI と機械学習の関係を示します。

　AI は Artificial Intelligence の頭文字をとったもので、日本語では人工知能と訳されます。AI の定義は多くの研究者からなされていますが、日本の AI 研究の第一人者である松尾豊氏は、「人工的に作られた人間のような知識、あるいはそれをつくる技術」と定義しています[13]。

　AI は大きく「汎用型 AI」と「特化型 AI」に分類されます。汎用型 AI は「人間と同じように振る舞う知能」のことで、「ドラえもん」がこれに該当します。特化型 AI は「一つのことに特化した知能」のことで、例えばチェスや将棋が指せる AI が該当します。汎用型 AI はあらゆるシーンにおいて人間と同

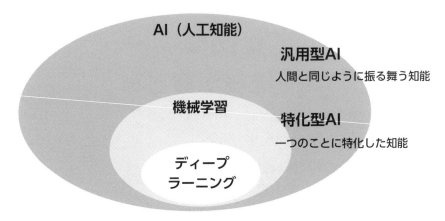

図 10.1　AI と機械学習の関係 [13]

様の判断や行動ができるものですが、チェスが指せる特化型 AI は、自動車の運転はできません。AI というと、何となく汎用型 AI をイメージしがちですが、こちらはまだ実現には至っておらず、現時点で私たちが利用できるのは特化型 AI だけです。

　この特化型 AI を実現しているのが「機械学習」です。機械学習にはさまざまな手法がありますが、そのうちの一つのカテゴリーとして「ディープラーニング」というものがあります。ディープラーニングは汎用型 AI の実現に向けた有力な手法として期待されています。また昨今、ディープラーニング = AI というような受け止め方をされていますが、ディープラーニングは機械学習の手法の一つです。

　本章では、AI の中でも、特化型 AI に活用されている機械学習について紹介していきます。なお、説明の便宜上、以下では「機械学習」はディープラーニング以外の手法として話を進めます。

10.2　機械学習の手順

　機械学習の手順を**図 10.2** に示します。ICT を活用して得られたビッグデータから、評価対象に影響を与えていそうな項目（＝変数）を分析者自身が選択します。この項目のことを特徴量と言います。例えば、都内の、あるコンビニの売上額や売れる商品を予想したいとき、その店舗周辺の天気は影響を与えていそうなので、その店舗がある地域の天候、気温、湿度、風速、雨量、日射量などのデータは特徴量として適切だと思われます。一方で、例えばアメリカなど、他国の詳細な気象データをもっていたとしても、都内のコンビニの予測には役立ちません。このように、大量のデータがあったとしても、その中から評価したい対象に影響を与えている変数を自ら選択する必要があります。

　ビッグデータを分析できる機械学習といえども、評価対象に影響を与えていると予想される変数（特徴量）は分析者自身が選択しなければなりませんので、分析者はその分野や対象に対する専門的な知識や経験が求められます。逆に分析については、専用のソフトウェアやライブラリが数多く開発・提供されていますので、多くの分析者にとって、いかにデータを集めてきて、どの特徴量を選択するのかが、最も重要になります。

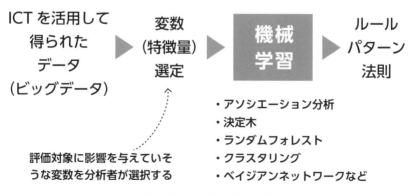

図 10.2　機械学習の手順

10.3 機械学習の手法

本節では、機械学習の手法を、「教師あり学習」、「教師なし学習」、「強化学習」の3つに大別して説明します。

(1) 教師あり学習

「教師あり学習」は、学習(分析)に使うデータに対して、人間が正解を付与したうえで、その正解パターンを計算機に学習させる方法です。例えば図10.3のように、犬と猫と狐の画像が学習データとして手元にあるとします。すべての画像に「犬」、「猫」、「狐」の正解ラベルをあらかじめ付けて、画像データと正解ラベルをもとに、その画像が「犬」、「猫」、「狐」である場合のパターンを計算機に学習させます。この学習が進んだモデルを学習器と言います。この学習器を使って正解のない画像を分析することで、その画像が「犬」、「猫」、「狐」のいずれであるのか、あるいはこれらの動物以外なのかを判断します。

教師あり学習の手法として代表的なものに「回帰」と「分類」があります。

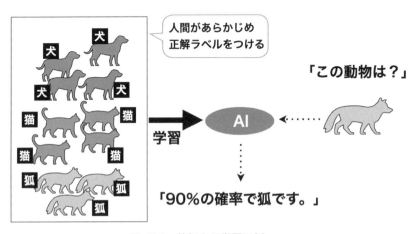

図 10.3 教師あり学習の例

　「回帰」はデータを入力すると、出力として数値データを返す方法です。例えば、あるコンビニの日々の売上額(教師データ)と気象データなど(特徴量)を使って学習を行い、あるお天気のパターンのときにどれくらいの売上額になるかを予測するというような方法です。**第7章**で紹介した重回帰分析の考え方を使います。

　「分類」はデータを入力すると、出力としてデータの属性や種類を返す方法です。図 10.3 の例でいうと、画像データとそれに付けた正解ラベルをもとに、新たに入力された画像が「犬」か「猫」か「狐」かを判別する方法です。

(2)　教師なし学習

　「教師なし学習」は、計算機が特徴量から何らかのパターンを学習し、データの構造や傾向、法則などを導く方法です。教師なし学習の方法としては「クラスタリング」という方法が主に用いられます。クラスタリングは、特徴量の傾向をもとに、観測対象をグループ化(クラスタリング)する方法です。つまり、「似たもの同士」のグループをつくる方法です。

　例えば、あるスーパーを利用する顧客の利用時間・購入商品・性別・住所のデータがあったとして、それをクラスタリングした結果、**図 10.4** のように顧客が3つのグループに分けられたとします。グループごとの特徴量のパターンを見たとき、第1グループは(昼・夕方、食品)、第2グループ(夜、お酒)、第3グループ(休日午前、日用品)となっていたとすると、誰がどのタイミングで何を買うかという観点での消費者グループを特定することができます。クラスタリングはあらかじめ正解があるわけではなく、分類されたクラスターごとの特徴量の傾向をもとに、そのクラスターの解釈を分析者が行っていきます。

　その他の手法として「次元圧縮」があります。次元圧縮は、投入したいくつかの特徴量を組み合わせて総合的な指標をつくるというものです。例えば、人物評価をしたデータがあったとして、その評価項目が「やさしい」、「気配りできる」、「ほめてくれる」の3項目だとします。このデータを組み合わせて「イケメン度」という総合指標をつくることで、断面的でない評価指標にすること

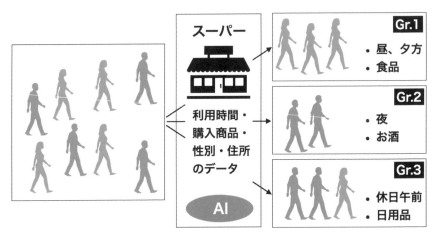

図 10.4　教師なし学習の例

ができ、特徴量を減らすことで計算を速くしたり、モデルの予測精度を高めたりすることが期待できます。次元圧縮自体で何か法則を発見するというより、もっぱら機械学習の前処理に使われます。

(3)　強化学習

　強化学習は、計算機に、ある事象に関するあらゆるパターンをランダムに試行させ、そのパターンが望ましい場合は報酬(プラスの数値)を与え、望ましくない場合は罰則(マイナスの数値)を与えることで、試行錯誤したうえで最終的に最も得点が高くなるようなパターンを学習させる方法です。

　車の自動運転の例を考えたとき、AI は「止まる」、「走る」をランダムに行います。その際に、「信号の色」、「歩行者」、「他の車」の情報を組み合わせます。例えば、ランダムに「止まる」動作を連発している中で、「たまたま交差点で止まった」ときは、報酬も罰則も与えませんが、「信号が赤を検知した」ときに、「たまたま交差点で止まった」場合、報酬を与えます。そうすると、AI は「信号が赤のときは、交差点で止まればいいのか！」と学習します。同様に、「信号が青のとき、交差点で停止から発進」したときに報酬をもらった

後、「横断歩道を渡っている歩行者を検知」しているときに「信号が青のとき、交差点で停止から発進」した場合は罰則を与えます。そうすると、AIは「信号が青でも人が横断してたら発進しちゃだめなのか！」ということを学習します（**図10.5**）。このように、あらゆるパターンについて、報酬と罰則をもとにした学習を進めることで、安全な自動運転を可能にする学習モデルをつくり上げていきます。

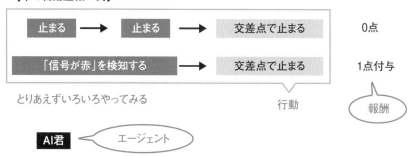

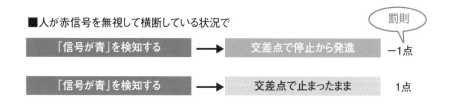

図10.5　車の自動運転における強化学習の例

(4)　ディープラーニング

ディープラーニングは、脳の神経回路の仕組み(ニューラルネットワーク)を計算機上で模倣してデータ処理を行い、法則を見つける方法です。

ニューラルネットワークは、大きく「入力層」、「隠れ層」、「出力層」に分かれており、入力されたデータを「隠れ層」で処理をして出力を返します(**図10.6**)。その仕組みを、画像認識を例に簡単に説明します(**図10.7**)。画像データは色がついた小さな四角のマス(ピクセル)の集合体から構成されています。入力層では画像データのすべてのピクセルを拾います。隠れ層では、そのすべてのピクセルデータを分析して、色が変化する境界線(エッジ)を特定していきます。エッジが特定できたら、それをつないでいきます。すべてのエッジをつなぎ合わせることで、画像の輪郭を特定し、出力層ではその輪郭のパターンをもとに画像データを分類します。なお、ニューラルネットワークでは、それが傘であるとか、熊であるとか、ハチであるとかを判断しているわけではなく、輪郭が類似しているものを分類しているだけです。その分類結果が望ましいものであるかどうかは、分析者が判断します。

ディープラーニングについても、ビッグデータを活用して法則を見つけるという点では変わりませんが、分析手順上の最大の違いは、特徴量を分析者が抽

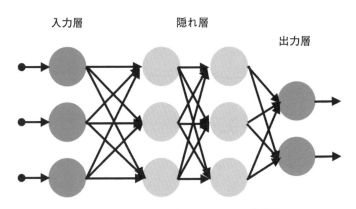

図 10.6　ニューラルネットワークの模式図

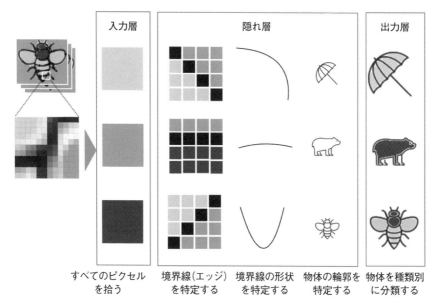

図 10.7　ディープラーニングの手順（画像認識の例）

★特徴量を決めることなく、データを全入れするとルール・パターンが出力される。

図 10.8　ディープラーニングによる分析の手順

出しなくてもよいという点です（図10.8）。つまり、手元にあるデータを全部放り込むと、何らかの結果を返してくれます。一方で、出てきた結果については、教師なし学習同様、分析者がその意味や有用性を判断することになります。逆に、分類されたものに対する意味づけができない場合、分析者にとって意味のないものであることもあり得ます。それを避けるためには、特徴量を選択

しなくてもよいとはいっても、入力するデータの質（項目）が重要です。また、ディープラーニングにおいては学習の精度を高めるために、分析に使うデータ量を確保することが極めて重要になります。

10.4　どういうときにどの手法を使うのか

　ここまで紹介した手法のおおまかな用途を**図 10.9** に示します。教師あり学習は、正解がわかっている過去のデータが豊富にあり、予測したい結果・分類が明確で、新しい事象について正解を予測したい場合に使います。活用例としては、市場予測、来客数予測、気象予測などが挙げられます。

　教師なし学習は、特に正解はない、あるいは正解が定義できない・定義しづらいテーマ（顧客を似た者同士に分類するなど）について、特徴量をもとに評価対象を分類して、得られた「似た者同士」の情報を活用したいときに使います。

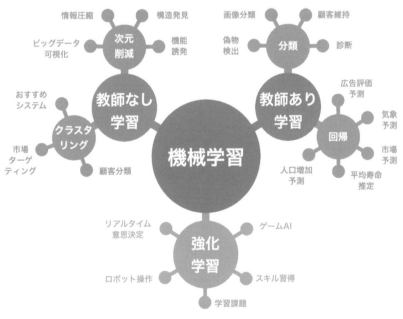

図 10.9　機械学習の種類と用途 [14]

活用例としては、顧客の分類、市場の絞り込み、理学的なところでは、生物種の分類などが挙げられます。

　強化学習は、リアルタイムで状況が変わる対象について、最終的なゴールに向かううえでの、次の最善の一手を予測したいときに使います。自動車の自動運転、ゲーム、ロボット操作などが挙げられます。

　ディープラーニングは、基本的に教師なし学習ですので、教師なし学習の用途に準じます。分類をしたいけれど人間が判断（判別）基準を設定できないテーマを扱う場合、正解がよくわからないので結果から何らかの判断をしたい場合、正解データは設定できるがそれの付与が時間や手間の関係で事実上できない場合に用います。データが膨大にあるけれど、判別の基準が定めにくい分野、例えば画像から被写体を特定する画像認識、声紋から発音者を特定する音声認識、会話を文字にする・文脈を判断する自然言語処理の分野での利用が進んでいます。

　第3章とやや重複しますが、極端にいうと、機械学習は分類や予測の精度を高めるための手法です。出力された結果の精度がすべてであり、なぜそうなったのか、という因果関係を知ることは基本的にはできません。ビジネスの現場では、正確に予測ができれば十分であることが多いかと思いますが、社会現象や心の仕組みなど、何らかのメカニズムを明らかにするという用途に向いていません。機械学習は万能ではなく、目的に応じて統計解析と使い分けていくことが必要になります。

第11章
AIの活用事例

　今日、AIは私たちの生活やビジネスで幅広く使われ、より便利で快適な生活、より効率的な経営に貢献しています。本章では、ビジネスにおけるAIの活用事例について、その事例がもつ「背景と課題」、AIの活用による具体的な「対応」、対応策を実施したことによる「効果」の流れに沿って、いくつか紹介します。

11.1　スポーツのハイライト映像の自動生成：ATP/WTA [15]

(1)　背景と課題

　インターネットが発達する前は、スポーツ観戦といえば現地かテレビでしたが、今日では、インターネットによる動画配信の視聴が一般的になりました。手軽に動画を視聴するという消費者行動が増え、また、契約をしないと視聴できなくなっていることから、スポーツの大きな大会のハイライトをすぐに観たいというニーズが高くなっています。一方で、テニスや野球、サッカーなど試合自体が長時間にわたるスポーツが多く、これまでは、試合のハイライト動画をつくるには、試合後にハイライトシーンを人間が抽出しなければならなかったため、短時間で映像をつくるのは難しいという課題がありました。

(2)　対応

　プロテニスの運営を行っているATP/WTAは、IBMのAIであるWatsonを使った映像の自動編集により、四大大会の試合のハイライト動画を自動作成する取組みを進めています。例として、2019年のウィンブルドン選手権におけるロジャー・フェデラー選手のハイライト動画がWatsonによって自動作成

され話題になりました[16]。

　ハイライト動画を自動作成する流れを説明します。まず、Watson に事前に大会ごとの過去の試合動画を分析させ、重要なプレーなどを把握させます（教師データの作成）。ここでの特徴量は、歓声、ガッツポーズ、選手の動きなどで、人間が最初に設定します。そのうえで、Watson は特徴量である実際の試合中の歓声や選手のガッツポーズなどを検知し、それらに重み付けをすることでハイライトシーンを抽出し、ハイライトを自動的に編集しています。

(3)　効果

　対応策の結果、試合終了の2分後にはハイライト動画が提供できるようになり、2019年のウィンブルドン選手権では動画の視聴者が28％増加しました。ウィンブルドン選手権に関心がある人は世界中で9億人以上いるといわれており、SNS を通じたシェアの数も増えたことから、ファンを増やしたり関心を高めたりするうえで大きな貢献をしているものと考えられます。

11.2　店舗オペレーションの改善：㈱あきんどスシロー[16][17]

(1)　背景と課題

　回転寿司チェーンの㈱あきんどスシロー（以下、スシロー）は、「うまいすしを、腹一杯。うまいすしで、心も一杯。」を企業理念としており、高品質でおいしい商品を安く提供することを実現しようとしています。そのためには、常に新鮮な寿司を提供することと、廃棄ロスを減らすことで原価を下げる必要がありました。

　以前は、どのネタが何皿くらい売れるかという予測は、すべて店舗で働く店長の感覚、つまり勘で立てていました。また、レーンを流れる商品の廃棄も、人の目で見て「このネタは乾燥している」と感じた皿を、レーンから間引いて廃棄していました。

　スシローは他社に比べてレーンに流す寿司の量が圧倒的に多く、キャンペーンによる頻繁なメニュー変更もあり、売れ筋商品の変動によるレーン廃棄の削

減が大きな課題となっていました。スシローの年商は 1,000 億円を超える規模であり、廃棄が 1% 減るだけでも年間で億単位のコストを削減できます。

(2)　対応

　スシローでは毎年 10 億枚以上の皿が流れています。そこで、すべての寿司皿に IC タグを取り付け、そこから得られるデータをもとに、レーンに流れる寿司の管理を行う回転寿司総合管理システムを導入しました。その結果、どの店で、いつ、どんな寿司がレーンに流され、いつ食べられたのか、それとも廃棄されてしまったのか。どのテーブルで、いつ、どんな商品が注文されたのか。これらのデータと、店舗の混み具合や個々のお客様が着席されてからの経過時間を加味し、1 分後と 15 分後の需要を予測できるようになり、レーンに流すネタや量のコントロールに活用しています。

　需要予測については、前述の回転寿司総合管理システムで得られる販売数などの商品管理に伴うデータをもとにした分析と、曜日ごとの来店者数といった過去の統計データから導き出される分析の 2 本立てで割り出し、店舗に応じて指示を出しています。

　また、レーンを一定距離移動した皿については自動的に廃棄する仕組みを取り入れています。例えばまぐろは 350 メートル（約 40 分程度）移動したら、自動廃棄します。この仕組みにより、レーンには常に新鮮な商品だけが流れるようにしています。

　さらに、省人化と顧客との非接触を実現するために、顧客がレーンから取った皿をカメラでとらえ、AI が商品を画像認識して価格と数をカウント、ネットワーク経由で店舗システムと連携して自動で会計を行えるようにしました。

(3)　成果

　(2)項で説明した需要予測と商品提供の最適化により、商品の廃棄率を 75%削減することに成功し、その結果、「スシロー」で提供する商品の平均原価率は業界トップクラスである約 50% を実現しました。

11.3　野菜の市場価格予測：㈱ファームシップ[18][19]

(1)　背景と課題

　ファームシップでは、植物工場というシステムで野菜を生産しています。植物工場とは、屋内で生育環境を人工的にコントロールして植物を栽培する手法です。天候や害虫などの外的要因に左右されることがないため、衛生的な植物を安定的に収穫することができます。植物工場では、露地栽培より狭い耕地での生産が可能であり、近年生産量が伸びています。一方で、野菜の需要や価格は相対的に生産量の多い露地野菜の供給量に大きく左右されるため、生産した野菜の廃棄や販売機会の損失が課題となっていました。

(2)　対応

　「野菜の価格」と「植物工場野菜の販売量」との相関分析から、植物工場で生産される野菜の需要は、市場の露地野菜の価格に大きく依存していることが確認されました。そこでファームシップでは、東京都中央卸売市場のレタスの市場価格と植物工場のレタスの需要量の相関に着目し、これまでの植物工場レタスの需要量データを収集後、AIに学習させることで、1週間先のレタスの市場価格を高精度に予測できるようにしました。市場価格と需要量の予測データをもとに、植物工場での生産量や生産時期をコントロールすることで、必要なときに必要なだけ出荷できるようになりました（図11.1）。

　需要量に対して、必要なときに必要なだけ出荷するためには、生産量のコントロールが必要です。露地栽培と違って、植物工場では生育環境を人工的に制御できるため、生産量と生産時期のきめ細かいコントロールができます。

(3)　成果

　現在の予想精度（決定係数：最高で1）は、1週間先で0.95、2週間先で0.89まで高まっています。AIを活用した市場価格の予測と、生産量と生産時期のきめ細かいコントロールができるという植物工場の特長を組み合わせることで、

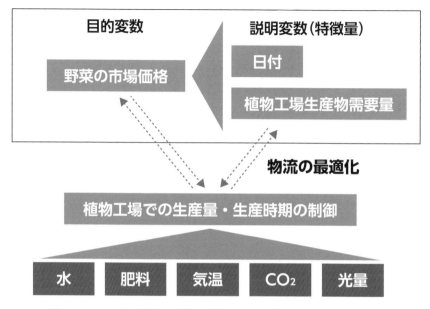

図 11.1　AI による野菜の市場予測を活用した植物工場生産システム

生産量の最適化、生産や流通に伴う資源・エネルギー消費量の最小化を実現しています。

　この成果は、レタスだけでなく、トマト、ミニトマト、イチゴ、ほうれん草にも応用して展開されています。

11.4　採用選考の効率化：ソフトバンク㈱ [20][21]

(1)　背景と課題

　ソフトバンクでは、ピーク時には 1 カ月に数千件の応募が集中します。すると、採用担当者がエントリーシート(ES)を読む作業にかかりきりになってしまい、それらの施策への対応や、大学訪問での学生との交流、面談といった業務に十分な時間を割けなくなるという課題が出てきました。

　また、ソフトバンクに限ったことではありませんが、ES や小論文の評価プロセスでは、どうしても担当者ごとの評価軸の「揺れ」が出てしまうので、揺

れを排除し、評価の精度と公平さを高めることが必要となっていました。

(2)　対応

　採用担当者の負荷削減、および評価の公平性を高めるために、ソフトバンクではESの評価にAIを活用することにしました。AIは、人より圧倒的に速く、かつ一定の評価基準で「読む」ことができます。ESの評価にAIを活用することで、負荷低減と公平性は実現できますが、ESの評価をAIに委ねることで、応募者や社会から反発を招かないか、設定ミスや不具合で誤った評価が行われないか、という別の問題が想定されました。そこで、採用担当者の負荷削減、および評価の公平性を実現しつつ、応募者・社会の感情、誤った評価といった問題に対応するために、ESについて、①基準を満たす評価が提示された場合は選考通過として、②そうでない場合は採用担当者が合否の再判定を行う、というプロセスを踏むことにしました（**図11.2**）。つまり、AIでは合格だけの判定をさせて、不合格の判定は人間が行うというものです。これによって、人の目に触れられず落とされたという感情的な問題と、AIの取りこぼしという問題を解決できます。

　過去のESの合格者と不合格者のテキストデータをIBMのAIであるWatsonの「NLC（Natural Language Classifier：自然言語分類）」を活用して学習させるのと同時に、時代によるキーワードの違いやES評価者の絞り込み

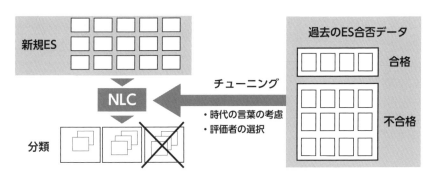

図11.2　AIを使ったエントリーシートの合否判定の仕組み

といったチューニングを行ったことで、評価の精度が人間のものと同等となりました。

(3)　成果

　この仕組みを導入した結果、採用担当者が ES の確認に要する時間が 1/4 になりました。その作り出された時間を、直接学生と会って話をする時間に当てられるようになり、優秀な学生といち早く接点をもつ「攻め」の採用が可能になりました。また、評価軸の揺れの排除できるようになったことで、公正な評価ができるようになり、採用する側と応募する側の双方にとってメリットが生まれました。

11.5　AI の活用にあたって

　ここまで紹介した事例からわかるとおり、いずれの場合も、最初に解決すべき課題、取組みの目的を明確にして、その解決のために何が必要なのかを考えたうえで、AI が得意とする作業を AI に任せることで課題を解決していることがわかると思います。AI は問題解決達成の手段であって、その導入実施は目的ではありません。また、AI が勝手に問題を解決するわけではありません。人が問題解決を図るうえで、AI に任せられそうなことは任せる、というスタンスに立つことが重要です。

【コラム】AI は人間の仕事を奪ってしまうのか？

　AI を活用することで、植物工場システムのように、これまでできなかったことを実現するという例と、これまで多くの人手をかけて対応してきた業務を効率化する、あるいは AI に置き換えることで、人間の仕事量を減らすという例を紹介しました。後者の例からわかるとおり、今後、AI の活用によって人員が削減される仕事、雇用がなくなる仕事が増えるのは間違いなさそうです。

　野村総合研究所とオックスフォード大学の研究グループは、国内 601 種類の職業について、AI やロボットに代替される確率を計算しています [23][24]。こ

の研究結果によると、①芸術、歴史学・考古学、哲学・神学など抽象的な概念を整理・創出するための知識が要求される職業、②他者との協調や、他者の理解説得、ネゴシエーション、サービス志向性が求められる職業は、AIなどでの代替は難しい傾向があります。一方、③必ずしも特別の知識・スキルが求められない職業、④データの分析や秩序的・体系的操作が求められる職業については、AIなどで代替できる可能性が高い傾向があります。その例を表11.1に示します。

　石炭を燃料とした動力源を活用することで実現した第一次産業革命(18世紀)にはじまって、機械による単純活動の自動化を実現した第三次産業革命(1970年代)に至るまで、科学技術によるイノベーションが発生するたびに、雇用は量的・質的に変化してきました。一方で、新しい産業、新しい雇用が生まれています。AIの活用を含むデータサイエンスがもたらす第四次産業革命によって、知的活動の自動化や代替が今後進むだろうと思いますが、植物工場

表11.1　AIに代替されそうな職業・残りそうな職業 [23]

代替可能性が高い職種：全職種の49%	代替可能性が低い職種：全職種の51%
事務員(一般・医療・経理など)・受付係・駅員・機械木工・管理人(マンション・寮・駐車場)・金属加工・建設作業員・自動車工(組立・塗装)・警備員・新聞配達員・測量士・タクシー運転手・電車運転士・路線バス運転士・配達員(宅配便・郵便・バイク便)・データ入力係・ホテル客室係・メッキ職人・レジ係	アートディレクター・グラフィックデザイナー・編集者・フリーライター・漫画家・シナリオライター・演奏家・ミュージシャン・料理研究家・フードコーディネーター・アナウンサー・放送ディレクター・報道カメラマン・セラピスト・作業療法士・理学療法士・犬訓練士・映画監督・舞台演出家・舞台美術家・俳優・テレビタレント・音楽教室講師・学芸員・ケアマネージャー・経営コンサルタント・医師・教員・保育士・幼稚園教諭・ネイリスト・美容師・デザイナー・学者・ツアーコンダクター・旅行会社のカウンター係

システムのように新しい産業も生まれています。AI は膨大なデータを学習することでその力を発揮できますが、逆にいうと、そのデータがない仕事には活用できません。例えば、経営判断といったような、非常に大局的でサンプル数の少ない、難しい判断を伴う業務は代替することができません。また、インターフェースは人間のほうがよい・うれしいようなサービス、例えばカウンセリングなどは、人間が選ばれ続けるでしょう。

第12章
データサイエンスとビジネス
―ゑびやのデータ駆動型経営とは―

　三重県伊勢市にある伊勢神宮には、毎年800万人以上の参拝者が訪れます。宇治橋の鳥居から伸びるおはらい町の通り沿いには、風情ある老舗から、最近できたばかりのお洒落なお店まで、魅力的な店舗が立ち並んでいます。「ゑびや」はその通りに門を構える料理店です。

　ゑびやは創業100年を超える老舗ですが、ライバル店との競争で劣勢に立ち、廃業の危機にありました。ゑびやの現社長である小田島春樹氏は、2012年から経営の立て直しに携わり、データを徹底的に活用した経営を行うことで、2012年からの6年間で売上高を4.8倍に伸ばし、また食品ロスを70%削減することに成功しました。

　小田島氏は初めからデータサイエンスのプロだったわけではなく、お店で発生する課題に一つひとつ向き合い、それをデータを活用して解決していきました。具体的には、①経営データのデジタル化、②データの自動収集・自動入力、③データ分析による来客数予測、④AIを活用した予測精度向上を経て、データを企業の経営やビジネスに活かす「データ駆動型経営」を形にしてきました。その取組みはMicrosoft MVPアワードを2018年度から2022年度まで4年連続受賞するなど、国内外で高い評価を受けています。一方で、その足取りは順風満帆だったわけではなく、試行錯誤の連続でした。

　本章では、その足取りをもとに、「勘と経験」に頼らないデータサイエンス経営の実現のプロセスを考えていきます [25]～[29]。

12.1　背景

　小田島氏は大学卒業後、大手IT企業の人事部に勤務していましたが、「い
ずれは起業したい」という想いをもっていました。そんな中、小田島氏の奥さ
んの実家は家業としてゑびやを経営していましたが、経営状況が厳しくなって
おり、また、当時の社長である義父の体調がすぐれないということもあって、
ゑびやの再建に携わるべく、小田島氏は2012年にゑびやに入社することにし
ました。

　ゑびやに入社した当時、小田島氏は料理店を閉じて、その場所にテナントを
誘致する再建策を考えていました。しかし、実際にゑびやの運営や経営データ
をつぶさに確認していると、やり方の古さや、多くのムダがあることに気がつ
きました。そこで、これらの課題を解決すれば、料理店として続けていけるの
ではないかと考え、現在の業態のまま経営の立て直しを図ることにしました。

12.2　データサイエンスの第一歩（2013 ～ 2014 年）

　ゑびやの当時のメニューは、郷土料理の伊勢うどんに、カレーライスと天ざ
るそばが中心でしたが、似たようなメニューを提供している隣店は行列ができ
ているのにゑびやはガラガラ、という状態でした。

　当時のゑびや店頭の食品サンプルは陽に焼けて色褪せている状態で、正直な
ところ店頭からは活気を感じられない雰囲気でした。そこで、小田島氏は色褪
せた食品サンプルを撤去し、自分で撮影した料理の写真を掲示してみました。
すると、お客様が増え、売上も伸び始めました。

　しかし、2013 年は、20 年に 1 度の「神宮式年遷宮」が執り行われる年でし
た。そのため、客数が増えたのは前述の対策が奏功したものなのか、神宮式年
遷宮による客足の増加によるものなのか（**図 12.1**）、小田島氏は判断すること
ができませんでした（実際に、2012 年の伊勢神宮の参拝者数は約 800 万人でし
たが、2013 年は 1,400 万人を超えていました）。「これでは、やみくもに対策を
打つような経営になってしまう」という危機感から、対策の効果を定量的に測
定できる仕組みをつくることを決心しました。

(1) Excel の導入

　当時の食堂の販売管理方法は

① 　開店前に食券の裏側に手書きで連番を記入し、閉店後に残っている食券
　　の番号を確認することで販売数を把握する

図 12.1　対策の効果の問題意識

図 12.2　ゑびやにおけるデータ分析がもたらす価値の設定

②　食券の番号をもとに電卓やそろばんで商品ごとの売上を計算し、紙の台
　　帳に記入する
③　台帳を見ながら会計ソフトに入力する
という旧態依然なもので、経営分析に耐えないものでした。そこで、まず経営
データの電子化をすべく、Excel で台帳管理を始めました。具体的には、紙の
台帳に記載されたデータを Excel に手打ちするというものです。
　台帳を見ると、表外に「米 12 升　残 3 升 5 合」といった書き込みがされて
いました。このことから、炊いたご飯の約 3 割が廃棄されていることがわかり
ます。これは大きな経営圧迫要因であり、そもそももったいないです。小田島
氏は、台帳を入力しながら「来客数や各メニューの注文数を予測できれば食品
ロスを減らせるし、人員配置にも無駄がなくなる」ということに気付き、それ
をデータ分析の目標（価値）に設定しました（図 12.2）。

(2) POS レジの導入

　過去のデータを参考にして将来の売上データを予想する営み、例えば、去年
の 8 月の第 1 週の土日はこうだったから今年はこれくらい、という予想をして
仕込みをする、といったことは、ごく普通に行われます。ただ、それを複数年
のデータを使って毎日行おうとすると、データベース化する必要が出てきます。
そのデータベース化を、Excel を使って始めたわけですが、それを手入力する
のは時間がかかります。
　売上データ入力の省力化には「POS レジ」の導入が不可欠ですが、当時、
ゑびやにはその資金がありませんでした。そこで、その資金を調達すべく、店

の前に屋台を出し、アルバイト1人を雇って「あわび串」(蒸しあわびを焼いて
タレをかけたもの)の販売を始めたところ、大ヒットして2013年に2,500万円
の売上となりました。そこから得た利益をもとに、2014年にPOSレジの導入
にこぎつけます。

12.3　データ分析の導入(2015年)

POSレジを活用しつつ経営データのデータベース化を進め、データを使っ
た経営分析を進められるようになりましたが、過去の販売データだけでは来客
数や各メニューの注文数の予測は難しいことがわかってきました。そこで、過
去の販売データと合わせて、気温や降水量、近隣のホテル・旅館の宿泊者数な
ど、来客数やメニュー注文数に関係がありそうな約200種類のデータ(特徴量)
を収集してそれらもExcelに入力し、相関分析と重回帰分析を使って来客数や
各メニューの注文数の関係の分析するようにしたところ、業務に使えるレベル
の予測ができるようになりました(図12.3)。

12.4　データ収集の対策と機械学習による来客数予測
　　(2016年)

収集するデータが膨大になるにつれ、Excelへのデータ入力作業が非常に大
変になってきたことから、その省力化のために自社でRPA(Robotic Process
Automation)を開発することにしました。RPAとは、パソコン上で行ってい

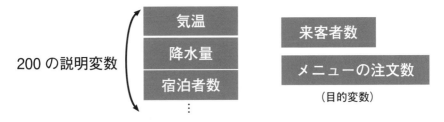

図12.3　来客者数・メニューの注文数の予測モデル

る定型的な入力作業、データのコピーや貼り付けなどの業務を自動化する仕組みのことです。最初は Excel のマクロを使ったものでしたが、徐々にマクロが肥大化していき、運用が難しくなってきたことで、専用のサービス（Microsoft Azure）を導入するようになります。このようにして収集したビッグデータをもとに、機械学習を使って来客数予測を行うようにした結果、予測精度が 90 ％を超えるようになりました。またこの情報をもとに、仕入れ・仕込みの予測を行ったことで、食品ロスを約 70% 削減することに成功しました。

　加えて、時間帯ごとのメニュー別注文数予測を行えるようになったことで、スタッフの配置の効率化、仕込みの効率化、食事の提供の高速化が可能になりました。その後導入するタブレットによるセルフオーダー化の効果もあり、2019 年時点で全メニューを 10 分以内で提供できるようになりました。

12.5　予測精度向上に向けた AI による通行人の画像解析の導入（2017 年）

　来客数予測の開発にあたり、多岐にわたるデータを収集して分析を行ってきましたが、人が実際にモノを購入する経路やきっかけを知るうえでカギになるデータがまだ足りていないという思いがありました。例えば、POS データからは、基本的に購入者の性別・年齢はわかりません。また、リアル店舗の場合、店舗の前を行き交う女性・男性が何人いて、そのうちの何人が入店したかという「入店率」や、入店者の何割が実際に商品を購入したかという「購買率」をつかむのは簡単ではありません。また、販促用の店頭ディスプレイを変えたときに、男女の顧客がどんなふうに反応して入店し、それが実際の売上にどれだけ貢献したのかは把握することができません。

　このような問題意識のもと、さらなる来客者数予測精度向上をめざすために、食堂の店先のリアルタイム映像を撮影し、画像の機械学習により店先の通行人数をカウントするシステムを導入しました。このデータをモデルに組み込んで予測を行うようにした結果、2019 年には平均来客予想的中率が 95% に達する

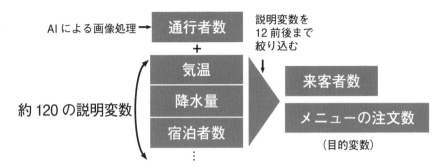

図 12.4　来客者数・メニューの注文数の新予測モデル

までになりました。このモデルでは、これまで試行錯誤して絞り込んだ120程度の特徴量から30まで絞り、そこから12程度を使った予測式を使って、実際の来客者数との照合とモデルの修正を行うようにしています(**図12.4**)。

　合わせて、土産物店の店内でもリアルタイム映像を撮影し、その画像に機械学習を用いた分析を行うことで、店舗に視線を向ける通行人の属性(性別・年齢層)や感情を推定するシステムも導入しました。土産物店に送られた視線の有無やその個人属性の予測データをもとにディスプレイの効果の把握、土産の品揃えの計画、オリジナル商品の開発に活用できるようにしました。

12.6　業務の省力化に向けた DX 化(2019 年)

　フロア業務の省力化のために、食堂の注文受付はタブレットによるセルフオーダー方式としました。これによって、フロアスタッフが注文をとりに行く必要がなくなり、少ないスタッフでより多くのお客様の対応ができます。また、発注業務もタブレットで行えるようにしました。在庫データと来店人数、メニュー別売上の予測データをもとに、発注内容を自動で決定し、発注自体も画面をタップするだけです。これまでは、閉店後にファックスや電話で発注業務を行なっていましたが、その時間を大幅に短縮できるようになりました。

12.7　経営への効果

　2018年は、経営改善を始めた2012年と比較すると、売上は1億円から4倍の4億円、経常利益は200万円から10倍の2,000万円になりました。従業員数は43名から44名とほとんど変わっていません。

　労働環境は、完全週休2日制を敷き、就労時間はAM9:00 〜 PM5:45で、基本的に残業はありません。特別休暇は最大15日で、有給休暇消化率も80%に達しています。平均給与も5年前から20%以上アップしています。

12.8　データにもとづく冷静な経営判断の事例

　データをもとにした経営判断を行うにあたって、ゑびやでは、入店購買率を重要な経営指標(KPI：Key Performance Indicator)に設定しています。この指標をもとに冷静な経営判断を下すようにしています。

　2018年に、メニューを表示する店頭看板をデザインから一新し、メニューも3%値上げしました。すると、看板を変えたあとの3日、入店購買率が前日比・前年度比ともに2%減少しました。新しい看板デザインに450万円をかけましたが、入店購買率を見て、設置から3日後、真新しい看板デザインと値段を元に戻す決断を下しました。

　看板と値段を元に戻したところ、入店購買率は1%程度回復しましたが、前日比・前年度比ともに依然としてマイナスのままでした。次に、メニューの写真を元に戻した結果、入店購買率は以前の水準に回復しました。

　入店購買率の回復を確認したところで、再びメニューについて3%の値上げをしましたが、入店購買率は変化しませんでした。

　このように、試行錯誤しましたが、結果として、客数を減らすことなく3%の値上げを実現できました。450万円かけたデザインを捨てるのは簡単な判断ではありませんが、入店購買率が下がったままだと、もっと大きな損失が出ます。いわゆる損切りですが、KPIに忠実になることで、データをもとにした冷静な経営判断ができた例です。

12.9　サービス産業活性化への挑戦

　日本のサービス産業は人手不足が深刻化しています。特に、飲食業はもうからない世界といわれていて、給料は全産業別で最下位です（図 12.5）。地方の、しかも中小の飲食・小売企業は必要な労働力を確保するのが本当に難しくなっているので、より少ない人数で、より大きな成果を上げられるようにする必要があります。

　具体的には、販促施策や商品開発・企画の精度を可能な限り高めて、失敗や無駄をなくし、徹底的な効率化を図ることです。そのためには、勘や肌感覚に頼るのではなく、データを根拠に、物事のすべてを科学的にとらえていくことが必須です。

　小田島氏は、ゑびや経営での失敗と成功を通じて、「サービス産業、特に情報化に取り残された地方の中小零細の飲食・小売業の活性化、現場で働く人た

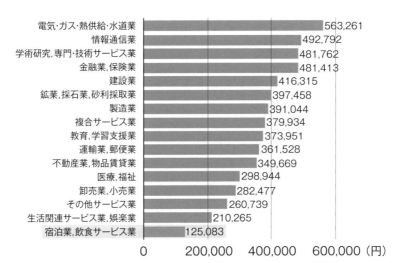

出典）　総務省：「日本の統計 2021　第 19 章　労働・賃金　19-14　産業別常用労働者 1 人平均月間現金給与額」より筆者作成
　　　　https://www.stat.go.jp/data/nihon/19.html

図 12.5　産業別常用労働者 1 人平均月間現金給与額（2019 年）[29]

ちの幸せを実現したい」という想いが強くなり、ゑびやで開発し、成果を上げてきたシステムの外販を行うことで、その実現を図りたいと考えるようになりました。そこで、2018年6月4日にゑびやのシステム部門を㈱EBILABとして分社化し、システムの開発・外販を行うITビジネスに参入することにしました。

　EBILABでは、ビジネスインテリジェンスツール（企業の意思決定を支援するツール）である「TOUCH POINT BI」として、「店舗向けアナリティクスツール」、「店舗向け画像解析AIツール」、「サービス業向けIoTツール」、「機械学習による来客予測・自動発注ツール」などを提供しています。

　EBILABの企業理念について、小田島氏は次のように語っています。

　「データを使って店舗を経営する。その考え方を日本中に広め、実践する方が増えることで、飲食の現場で働く人たちが、もっと高い給料をもらえるようにしたい。売上管理などの手間を減らして、もっと接客や商品開発などに時間を割けるようにしたい。そのためにも、当社が作った仕組みを販売し、手伝いをしていきたいと考えています。」

12.10　おわりに

　手書きの帳簿と紙の食券という超アナログな経営から、数年でデータ駆動型経営に転換した「ゑびや」ですが、小田島氏は、もともと経営データを見るのが好きだったとはいえ、データサイエンスのプロではありませんでした。お店で課題が発生するたびに、手元にあるデータを活用して試行錯誤しながら解決策を探ってきました。その際に、何を解決するために、あるいはどういう価値を創造するために、どういう法則が必要なのかを必ず設定して、そのために必要なデータを集めるというアプローチをとっています。

　例えば、食品ロスを減らし、適正な人員配置ができれば原価低減ができて、経営が改善する。

　→そのためには、来客数や各メニューの注文数を予測できればよい。

　→そのために、来客数に関係がありそうなデータを集めて分析する。

　→そのためのデータ（店先の通行人数など）が足りなければ自分でとる。
といった進め方です。**第2章**で紹介したバックキャスティングのアプローチが、
データサイエンスを活用するうえでいかに重要かがわかるかと思います。

　ゑびやでのデータ駆動型経営は、最初は、ゑびやを再建するためのものでし
たが、経営が軌道に乗ったところで、小田島氏は社会に目を向けています。同
じ悩みをもつ地方の中小の飲食・小売企業の活性化、現場で働く人たちの幸せ
を実現したいという思いが生まれ、それを実現すべく、ゑびや経営で育てたシ
ステムやサービスを外販する EBILAB を創業しています。インタビューの中
で、「損をしたくないからデータを活用しています。」という、経営者ならでは
の生々しい発言が小田島氏からありました。逆にいうと、データを活用した経
営にすれば損はしない、損をするにしても最小限に抑えられる、特別な経営セ
ンスがなくても健全な経営が実現できる、ということだと筆者は受け止めまし
た。データを経営に使うためのツールと、それを活用しようという発想があれ
ば、最も経営環境が悪いと思われる地方の中小の飲食・小売企業であっても輝
ける・輝かせられる、ということだと思います。バックキャスティングなデー
タ駆動型経営によって、より高い価値を創造できる企業が増えることを願って
います。

　最後に、長時間にわたりインタビューにご対応いただいた小田島春樹社長に
御礼申し上げます。

第13章
DX 時代の歩き方

13.1　DX 時代に求められるスキル

　データサイエンスは、データから価値を引き出す学問です。個人や組織が、データから意思決定をするうえで役立つ法則や関連性を導き出すための手法です。決して新しい概念ではありませんが、ICT が発達し、大量のデータが利用可能になり、またそれを分析する手法の発展やコンピュータの計算能力の向上が進んだことで、データ分析によって今まで手にすることができなかった新しい価値を創造するという取組みが進んでいます。スマートフォンが提供するサービスに代表されるように、私たちは DX によってもたらされている新しい価値を享受して、今の便利で快適な生活を送っています。私たちの生活だけでなく、企業の業務はデータの活用を前提に成り立っています。これからの時代を支える皆さんは、否応なしにデータと付き合っていくことになります。

　そんな DX 時代を歩いていくうえで、皆さんが一番求められる資質は、データから価値を創造しようという姿勢です。**第1章**で DX 人材の紹介をしましたが、特に経営層・管理職にはデータを使って価値の創造の企画を立てる、「データ活用スキル」が必須です。皆さんは、将来経営層・管理職となり、企業経営の明日を担う存在になりますので、「データ活用スキル」を身につけましょう。そのために、創りたい価値をスタートに据えて、それを実現するための法則を設定し、そのために必要なデータを集め、分析するというバックキャスティングな発想をもってください。

　「データ活用スキル」を身につけるうえでは、データからどうやって（どの手法で）欲しい法則を導き出すか、得られた結果をどう解釈するのか、どうやっ

て人にわかりやすく伝えるか、という視点が重要で、それらのスキルをつける
うえでのポイントを**第4章**から**第10章**で紹介してきました。改めて、そうい
う視点から本書を読み直していただければと思います。

　「データ活用スキル」の概念を理解したうえで、自らの手でデータ収集をし
て、分析ができるようになりたい、と思ったら、自分の特性や必要性に応じて、
情報科学とプログラミングを駆使して分析をする「データサイエンススキル」、
ネットワークやデータベースの知識を駆使してデータマネジメントを行う
「データエンジニアリングスキル」を深めていって欲しいと思います。

13.2　今後、社会や組織で求められる人材像

　第11章のコラムで、AIによって代替されそうな職業、生き残りそうな職
業の紹介をしました。DX時代に生き残るのは、アートやクリエイティブ分野
に象徴されるように、価値を創造できる仕事です。クリエイティブ分野の職業
は、誰もがなれる職種ではないですし、価値を創造できるのはデータサイエン
スだけではありませんが、データサイエンスを活用して価値を創造する仕事に
は、姿勢次第で誰もが就くことができます。

　その姿勢や発想を身に付けるために、一旦データサイエンスのことは忘れて、
以下の3点を今日から頭をめぐらせてください。

① 世の中の何をどうしたいと考えているのか？

② そのために何をしたらよい（すべき）と考えているのか？

③ 自分は「どの立場で」、「なにをして」その実現に貢献しようと考えてい
　 るのか？

　このように自ら課題設定をして、それを解決しようとする姿勢や考え方を
「ソリューション思考」といいます。今後、社会や企業に代表される組織で求
められるのは、このソリューション思考をもっている人材です。もちろん1人
ではその課題を解決できないかもしれませんが、企業であれば、さまざまな部
署にさまざまな能力をもった人がいます。その人たちの力をチームとして借り
つつ、自分が「どの立場で」、「何をして」目標の実現に貢献したいのかを考え

てみましょう。その際、「企業は自分が設定した課題解決のための道具である」という視点で考えることが重要です。そうすることで、おのずと自分が進みたい分野と職種のイメージが見えてきます。

　そのうえで、データの活用が有効だと思ったら、データサイエンスの活用を考えてみてください。今や、多くのことがデータの活用で対応できることに気づくと思います。また、実際の取組みの中での意思決定にあたって、データサイエンスは大いに役に立つはずです。

　みなさまがこれから社会に出たときに、データサイエンスのスキルを身につけ、それらを活用することで、新しい価値を創造し、社会で活躍することを願っています。

引用・参考文献

[1]　経済産業省：「デジタルトランスフォーメーションを推進するためのガイドライン Ver. 1.0」
https://www.meti.go.jp/policy/it_policy/dx/dx_guideline.pdf

[2]　環境省：「IPCC 第 4 次評価報告書　統合報告書概要(公式版)　2007 年 12 月 17 日 version 2007」、2022 年 9 月 20 日閲覧
https://www.env.go.jp/earth/ipcc/4th/ar4syr.pdf

[3]　Our World in Data：“CO₂ and Greenhouse Gas Emissions”、2022 年 9 月 20 日閲覧
https://ourworldindata.org/co2-and-other-greenhouse-gas-emissions

[4]　松本吉生：「ホチキス先生の「プログラマーと呼ばれたい」、なぜテレビ番組は 47％が半分以上に見える円グラフを作ったのか」、2022 年 9 月 20 日閲覧
https://matsumotoyoshio.wordpress.com/2020/05/22/ なぜテレビ番組は 47％が半分以上に見える円グラフ /

[5]　独立行政法人科学技術振興機構：「科学の道具箱　データライブラリ　体力測定データ」
https://rika-net.com/contents/cp0530/contents/04.html

[6]　東京天文台：『理科年表』、気象部、月別平年値、2022 年

[7]「e-stat（政府統計の総合窓口）」、2022 年 9 月 20 日閲覧
https://www.e-stat.go.jp

[8]　データ出典：人口と実質 GDP は国連、二酸化炭素排出量は国際エネルギー機関（EIA）、再生可能エネルギーは米国エネルギー省エネルギー情報局（EIA）、資料：GLOBAL NOTE　2022 年 9 月 20 日閲覧
https://www.globalnote.jp/

[9]　朝野熙彦、鈴木督久、小島隆矢：『入門　共分散構造分析の実際』、講談社、2005 年

[10]　小島隆矢、山本将史：『Excel で学ぶ共分散構造分析とグラフィカルモデリング』、オーム社、2003 年

[11]　Being Consulting：「TOC の思考プロセスを利用した問題解決手法を紹介！」、2022 年 9 月 20 日閲覧
https://toc-consulting.jp/toc/thinkingprocess/

[12]　自治体オープンデータ
https://www.open-governmentdata.org/about/

[13]　IBM：AI, machine learning and deep learning: What's the difference?”、2022 年 9 月 20 日閲覧
https://www.ibm.com/blogs/systems/ai-machine-learning-and-deep-learning-

whats-the-difference/

[14]　松尾豊：『人工知能は人間を超えるか』、KADOKAWA、2015 年

[15]　日経ビジネス：「ウィンブルドンで注目、スポーツで「AI 編集」広がる」、2022 年 9 月 20 日閲覧
https://business.nikkei.com/atcl/gen/19/00002/071900554/?P=1

[16]　Wimbledon：“Roger Federer | Top 10 points of Wimbledon 2019”
https://www.youtube.com/watch?v=0gtCGMFIqJI

[17]　FOOD & LIFE COMPANIES：「食品ロス削減に DX で挑む」、2022 年 9 月 20 日閲覧
https://www.food-and-life.co.jp/sustainability/sushisystem/

[18]　システム計画研究所：「AI により回転すし会計の自動化を実現」、2022 年 9 月 20 日閲覧
https://www.isp.co.jp/archives/NewsRelease-isp-20201202.pdf

[19]　新エネルギー・産業技術総合開発機構：「AI を活用した野菜 5 品目の市場価格を予測するサービスを開始」、2022 年 9 月 20 日閲覧
https://www.nedo.go.jp/news/press/AA5_101413.html

[20]　株式会社ファームシップ：「人工知能 (AI) を活用した野菜 5 品目の市場価格予測の精度を向上」、2022 年 9 月 20 日閲覧
https://www.wantedly.com/companies/farmship/post_articles/389999

[21]　Softbank：「「AI 採用」は就活戦線をどう変える ソフトバンクの新たな挑戦」、2022 年 9 月 20 日閲覧
https://www.softbank.jp/biz/article/01/

[22]　日経クロステック：「新卒採用担当は Watson、ソフトバンクの割り切りと手応え」、2022 年 9 月 20 日閲覧
https://xtech.nikkei.com/it/atcl/column/14/346926/082401100/

[23]　野村総合研究所：「日本の労働人口の 49% が人工知能やロボット等で代替可能に」、2022 年 9 月 20 日閲覧
https://www.nri.com/-/media/Corporate/jp/Files/PDF/news/newsrelease/cc/2015/151202_1.pdf

[24]　Carl Benedikt Frey，Michael A.Osborne：“The future of employment: How susceptible are jobs to computerisation ?”，*Technological Forecasting and Social Change*，Vol.114，pp.254-280，2017.

[25]　「神様も驚く AI 経営来客予測で食品ロス激減」、生成発展、2022 年 9 月 20 日閲覧
https://change.asahi.com/articles/0018/

[26]　中小企業庁：「中小企業の AI・データ活用について、スマート SME 研究会第 4 回討議用資料」
https://www.chusho.meti.go.jp/koukai/kenkyukai/index.html

［27］「"老舗ベンチャー"ゑびや大食堂が「的中率9割」のAI事業予測をサービス化！　ITビジネスに参入決断した「その理由」」、CNET Japan、2022年9月20日閲覧
https://japan.cnet.com/extra/ms_ebiya_201710/35112861/
［28］「リアル店舗の経営をコグニティブで科学する ～伊勢の老舗店「ゑびや」の挑戦～」、CNET Japan、2022年9月20日閲覧
https://japan.cnet.com/extra/ms_ebiya_201710/35108734/
［29］　総務省：「日本の統計2021、第19章　労働・賃金、19-14　産業別常用労働者1人平均月間現金給与額」、2022年9月20日閲覧
https://www.stat.go.jp/data/nihon/19.html

索　引

著者紹介

大塚 佳臣（おおつか よしおみ）

　1969 年生まれ。東京工業大学工学部有機材料工学科卒業。東京大学大学院工学系研究科都市工学専攻博士課程修了。博士（工学）、技術士（衛生工学部門、総合技術監理部門）。

　1994 年 4 月よりエンジニアリング会社にて、廃棄物リサイクルシステムの開発に従事。

　2010 年 4 月より東洋大学総合情報学部総合情報学科准教授。アンケート調査データ、統計データなどを活用した住民・消費者の環境心理、環境マーケティングの研究に従事。

　現在、東洋大学総合情報学部総合情報学科教授。

文系のためのデータサイエンス
DX 時代の歩き方

2023 年 2 月 23 日　第 1 刷発行

著　者　大塚　佳臣
発行人　戸羽　節文

発行所　株式会社 日科技連出版社
〒 151-0051　東京都渋谷区千駄ケ谷 5-15-5
DS ビル
電　話　出版　03-5379-1244
　　　　営業　03-5379-1238

検　印
省　略

Printed in Japan

印刷・製本　壮光舎印刷

© *Yoshiomi Otsuka* 2023
URL https://www.juse-p.co.jp/

ISBN 978-4-8171-9769-6